UTB 3586

Eine Arbeitsgemeinschaft der Verlage

Böhlau Verlag · Wien · Köln · Weimar
Verlag Barbara Budrich · Opladen · Farmington Hills
facultas.wuv · Wien
Wilhelm Fink · München
A. Francke Verlag · Tübingen und Basel
Haupt Verlag · Bern · Stuttgart · Wien
Julius Klinkhardt Verlagsbuchhandlung · Bad Heilbrunn
Mohr Siebeck · Tübingen
Nomos Verlagsgesellschaft · Baden-Baden
Orell Füssli Verlag · Zürich
Ernst Reinhardt Verlag · München · Basel
Ferdinand Schöningh · Paderborn · München · Wien · Zürich
Eugen Ulmer Verlag · Stuttgart
UVK Verlagsgesellschaft · Konstanz, mit UVK / Lucius · München
Vandenhoeck & Ruprecht · Göttingen · Oakville
vdf Hochschulverlag AG an der ETH Zürich

UTB Profile

Mojib Latif

Globale Erwärmung

14 Abbildungen

Verlag Eugen Ulmer, Stuttgart

Zum Autor:
Prof. Dr. Mojib Latif ist Leiter des Forschungsbereichs Ozeanzirkulation und Klimadynamik am Helmholtz-Zentrum für Ozeanforschung Kiel. Er ist Mitautor der letzen beiden Berichte des „Welklimarates" (IPPC). Ausgezeichnet wurde er u.a. mit der Sverdrup Gold Medal der American Meteorlogical Society, dem Max-Planck Preis für Öffentliche Wissenschaft und dem DHU-Umwelt-Medienpreis in der Kategorie „Lebenswerk" der Deutschen Umwelthilfe. Er ist in zahlreichen wissenschaftlichen und politischen Gremien aktiv und Autor zahlreicher Veröffentlichungen.

Die Zeichnungen dieses Buches fertigte Helmuth Flubacher nach Vorlagen der Literatur und des Autors an.

Bibliografische Information der Deutschen Nationalbibliothek
Die Deutsche Nationalbibliothek verzeichnet diese Publikation in der Deutschen Nationalbibliografie; detaillierte bibliografische Daten sind im Internet über http://dnb.d-nb.de abrufbar.

ISBN 978-3-8252-3586-4 (UTB)
ISBN 978-3-8001-2942-3 (Ulmer)

Wollgrasweg 41, 70599 Stuttgart (Hohenheim)
E-Mail: info@ulmer.de
Internet: www.ulmer.de
Umschlagentwurf: Atelier Reichert, Stuttgart
Lektorat: Helen Haas
Herstellung: Jürgen Sprenzel
Satz: Arnold & Domnick, Leipzig
Druck und Bindung: Graphischer Großbetrieb Friedr. Pustet, Regensburg
Printed in Germany

ISBN 978-3-8252-3586-4 (UTB-Bestellnummer)

Inhalt

1 Einführung

> *„Die Menschen führen momentan ein großangelegtes geophysikalisches Experiment aus, das so weder in der Vergangenheit hätte passieren können noch in der Zukunft wiederholt werden kann", Roger Revelle (New York Times, 1957)*

Mit dem obigen Zitat hatte Roger Revelle vom kalifornischen Scripps Institution of Oceanography schon vor über fünfzig Jahren die ungeheure Dimension der Beeinflussung des Erdsystems durch den Menschen beschrieben. Dabei bezog er sich auf den Ausstoß von Kohlendioxid (CO_2), der sich infolge der weltwirtschaftlichen Entwicklung nach dem Zweiten Weltkrieg rasant beschleunigt hatte. Revelle und sein Kollege Charles D. Keeling waren ihrer Zeit weit voraus. Zwei Pioniere der Klimaforschung. Nicht zuletzt deren Weitsicht haben wir es zu verdanken, dass es heute belastbare Informationen über die Entwicklung des Kohlendioxids während der letzten Jahrzehnte gibt. Keelings seit 1958 vorliegende Kohlendioxidmessungen auf Hawaii widerlegten die Annahme, dass Pflanzen und Meere das Kohlendioxid vollständig aufnehmen würden. Seine inzwischen von vielen Wissenschaftlern als die wichtigsten Umweltdaten des 20. Jahrhunderts bezeichneten Messungen belegen, dass sich der Kohlendioxidgehalt der Atmosphäre nicht nur mit den Jahreszeiten ändert, sondern auch, dass die Kohlendioxidkonzentration der Luft über die Jahrzehnte hinweg gestiegen ist (Abb. 1).

Kohlendioxid ist ein Treibhausgas und es gilt heute als das Gas, das hauptsächlich für die globale Erwärmung verantwortlich ist. Diese findet offensichtlich statt (Abb. 1). Das Problem der globalen Erwärmung ist längst nicht mehr allein ein Thema der Wissenschaft, sondern es steht inzwischen auch im Blickpunkt des öffentlichen Interesses und ganz oben auf der weltpolitischen Agenda. Der Begriff „globale Erwärmung" ist allerdings nicht scharf definiert. Mit dem Begriff ist oftmals die menschliche (anthropogene) Beeinflussung des Klimas insgesamt gemeint, zu der auch das Ozonproblem gehört. Darüber hinaus ist der Begriff „globale

Erwärmung" etwas irreführend, weil die Temperatur nicht notwendigerweise an jedem Ort der Erde steigen muss. Beispielsweise würde eine durch den Temperaturanstieg verursachte massive Abschwächung des Golfstroms der Erwärmung des Nordatlantiks entgegenwirken, sodass die dortige Meeresoberflächentemperatur sogar leicht fallen könnte. Das Phänomen der globalen Erwärmung ist aus diesem Grund als Erwärmung der Erdoberfläche im weltweiten Durchschnitt zu verstehen.

Die wichtigste Ursache der globalen Erwärmung ist der anthropogen verursachte Anstieg der Treibhausgase, allen voran Kohlendioxid. Die Abb. 1 legt diesen Sachverhalt bereits nahe. Das zeigen außerdem zahlreiche wissenschaftliche Studien. Die Ursache des Kohlendioxidanstiegs liefert die Isotopenanalyse. Isotope sind Atome eines Elements, die sich durch eine unterschiedliche Anzahl von Neutronen im Atomkern unterscheiden und damit unterschiedlich schwer sind. Das Kohlenstoffatom (C) kommt hauptsächlich in Form zweier Isotope vor: Überwiegend als ^{12}C und in deutlich kleineren Mengen als ^{13}C. Fossile Brennstoffe haben ein niedrigeres Verhältnis $^{13}C/^{12}C$ als Kohlendioxid in der Atmosphäre. Das Verhältnis $^{13}C/^{12}C$ der Luft ist in dem Maße gesunken wie die anthropogenen Kohlendioxidemissionen wuchsen und es entlarvt so die Verbrennung der fossilen Brennstoffe als Grund für den steigenden Kohlendioxidgehalt der Atmosphäre während der letzten Jahrzehnte.

Der Zusammenhang zwischen den Treibhausgaskonzentrationen und der Temperatur ist uns seit über hundert Jahren bekannt. Treibhausgase verursachen den irdischen Treibhauseffekt und wärmen dadurch die Erdoberfläche. Da der Anteil der Treibhausgase in der Atmosphäre seit Beginn der Industrialisierung stetig steigt, muss es zu einer globalen Erwärmung kommen. Während die Kohlendioxidkonzentration zu Beginn der Industrialisierung noch 280 ppm (engl.: parts per million, Teile pro einer Million) betragen hat, maß sie 2010 schon ungefähr 390 ppm (Abb. 1). Der größte Zuwachs mit etwa 80 ppm erfolgte nach dem Zweiten Weltkrieg. Dabei ist der Kohlendioxidgehalt der Atmosphäre vor Beginn der instrumentellen Messungen im Jahr 1958 indirekt mit Hilfe von Eisbohrungen mittels der Analyse der eingeschlossenen Luftbläschen ermittelt worden.

An folgenden Aussagen gibt es keinen Zweifel:

- Der Anstieg des Kohlendioxids seit dem Beginn der Industrialisierung ist anthropogener Natur, natürliche Quellen scheiden als Ursache aus. Er ist in erster Linie eine Folge der Verbrennung fossiler Brennstoffe zur Energiegewinnung und zu einem geringeren Teil Folge der Brandrodungen der tropischen Regenwälder.

- Die heutige Kohlendioxidkonzentration ist einmalig in der Rückschau der letzten 800 000 Jahre.
- Die oberflächennahe Temperatur der Erde zeigt im weltweiten Durchschnitt einen offensichtlichen Erwärmungstrend während des 20. Jahrhunderts, wobei sich die Erwärmungsrate während der zweiten Hälfte gegenüber der Rate der ersten Hälfte beschleunigt hat.
- Der Temperaturanstieg hat Folgen: Die Schnee- und Eisflächen der Erde haben sich über die Jahrzehnte zurückgezogen und der Meeresspiegel ist gestiegen. Beides sind von der Temperatur unabhängige Indizien der Erderwärmung.
- Wegen der Trägheit des Klimas wird sich der allmähliche Erwärmungstrend in den kommenden Jahrzehnten fortsetzen.

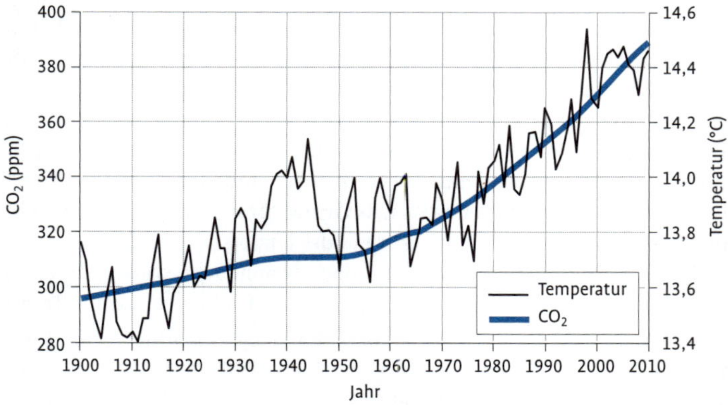

Abb. 1: Die Entwicklung des Kohlendioxids (CO_2) in der Luft und der global gemittelten oberflächennahen Temperatur seit 1900. Letztere definiert man anhand der Meeresoberflächentemperatur und der Temperatur in 2 Meter Höhe über Land.

Allerdings hat sich die Temperatur nicht so glatt entwickelt wie das Kohlendioxid. Sie zeigt neben dem langfristigen Anstieg ausgeprägte Schwankungen. Das Klimasystem unterliegt vielfältigen internen und externen natürlichen Einflüssen, woraus sich die irreguläre Entwicklung erklärt. Interne Schwankungen werden vom Klimasystem selbst erzeugt, etwa durch Änderungen der Winde oder Meeresströmungen. Externe benötigen einen äußeren Antrieb wie Vulkanausbrüche und eine damit im Zusammenhang stehende Schwächung der Sonnenstrahlung. Eine stetige Klimaentwicklung kann es daher prinzipiell nicht geben. Wir können wegen der großen natürlichen Schwankungsbreite des Klimas auch nicht erwarten, dass es infolge des anthropogenen Einflusses jedes Jahr neue Temperaturrekorde zu verzeichnen gibt. Aus diesem Grund sind Aussagen über den menschlichen Anteil an der Klimaentwicklung auf der Basis nur weniger Jahre im höchsten Maße unsicher.

Bei der Betrachtung des anthropogenen Klimawandels muss man sehr viele Faktoren berücksichtigen. Die bei der Verbrennung von fossilen Brennstoffen entstehenden Schwefelaerosole beispielsweise dämpfen die Erwärmung etwas, da diese die Sonnenstrahlung behindern. In diesem Buch werden wir unter dem Begriff „globale Erwärmung" tatsächlich nur die Erwärmung der Erdoberfläche und der unteren Atmosphäre durch den anthropogenen Ausstoß von Treibhausgasen verstehen. Sie ist das Hauptsignal hinsichtlich der anthropogenen Klimabeeinflussung. Das Buch möchte die Grundlage dafür liefern, das Problem der globalen Erwärmung differenziert betrachten und die vielen in der Öffentlichkeit diskutierten Argumente für und gegen eine anthropogene Klimaerwärmung besser einzuschätzen zu können. Es kann sich hier zwangsläufig nur um einen kleinen Ausschnitt aus der Klimaforschung handeln, denn sie entwickelt sich sehr schnell, und es werden immer mehr Wissensbereiche in sie mit einbezogen. Viele Aspekte werden in diesem Buch nicht behandelt. Einige finden sich in meinem Lehrbuch „Klimawandel und Klimadynamik", das im Jahr 2009 in der UTB erschienen ist.

Von der Klima- zur Erdsystemforschung

Bis vor einigen Jahren gab es die Klimawissenschaft als eigenständiges Studienfach noch gar nicht. Daraus erklärt sich, dass es einen berufsqualifizierenden Abschluss als Klimawissenschaftler oder -forscher zumindest in Deutschland bisher nicht gegeben hat. Die meisten in der Klimaforschung tätigen Wissenschaftler haben Meteorologie, Ozeanographie oder Geophysik studiert. Alle drei sind Fächer der angewandten Physik, die klimarelevante Inhalte vermitteln. Dazu kommen Seiteneinsteiger aus der Physik, der Mathematik oder aus anderen naturwissenschaftlichen Fächern wie etwa der Chemie oder der Biologie. Insbesondere auch das Studium der Geologie ermöglicht den Einstieg in die Klimaforschung, wobei sich Geologen häufig mit der Klimageschichte, dem Paläoklima, befassen. In vielen Forschungsinstituten findet sich eine bunte Mischung von Wissenschaftlern verschiedener Disziplinen.

Um der wachsenden Bedeutung des Themas Klima innerhalb der Gesellschaft Rechnung zu tragen, entstehen an vielen Universitäten neue integrative Studiengänge. Die neuen Curricula sind interdisziplinär ausgerichtet und vermitteln neben den Inhalten aus den klassischen Fächern Mathematik, Physik, Meteorologie, Ozeanographie und Geophysik Stoffe aus der Biologie, der Chemie und teilweise auch aus den Wirtschaftswissenschaften. Darüber hinaus findet eine Entwicklung zu einer stark integrativen Forschung in vielen Netzwerken statt, an denen sich zunehmend außeruniversitäre Einrichtungen beteiligen. Schließlich stimuliert die gegenwärtige Forschungsförderung die Tendenz zu einer mehr interdisziplinären Wissenschaft.

Diese Entwicklung reflektiert den Übergang der Klimaforschung mit ihren weitgehend physikalischen Inhalten zu einer Erdsystemforschung mit zunehmend biogeochemischen Inhalten und der Einbeziehung weiterer neuer Wissensgebiete. Das Problem der globalen Erwärmung erfordert eine fachübergreifende Zusammenarbeit, um mögliche Auswirkungen zu berechnen und um Anpassungs- und Vermeidungsstrategien zu entwickeln. Diese Notwendigkeit äußert sich auch darin, dass der zwischenstaatliche Ausschuss für Klimaänderungen (Intergovernmental Panel on Climate Change, IPCC), bekannt als „Weltklimarat", die folgenden drei Arbeitsgruppen unterhält:

- Die Arbeitsgruppe 1 „Wissenschaftliche Grundlagen" befasst sich mit den Aspekten des physikalischen Wissens zur Klimaänderung, die für politische Entscheidungsträger als am sachdienlichsten eingeschätzt werden.
- Die Arbeitsgruppe 2 „Auswirkungen, Anpassung und Verwundbarkeit" konzentriert sich auf die Folgen für die Umwelt sowie die sozialen und ökonomischen Konsequenzen der Klimaänderung und mögliche Anpassungsmaßnahmen.
- Die Arbeitsgruppe 3 „Verminderung des Klimawandels" befasst sich mit kurz- und langfristigem Klimaschutz in den Sektoren Energie, Verkehr, Gebäude, Industrie, Land- und Forstwirtschaft und Abfall, mit den Zusammenhängen zwischen Klimaschutz und nachhaltiger Entwicklung sowie mit politischen Anstrengungen, Maßnahmen und Instrumenten für den Klimaschutz.

Wir werden uns hier vor allem mit den wissenschaftlichen Grundlagen beschäftigen, also in erster Linie mit der Physik des Klimawandels. Der anthropogene Ausstoß von Treibhausgasen führt neben der globalen Erwärmung zu Änderungen der Winde und der Meeresströmungen. Daneben schmilzt das Eis der Erde, das u. a. in Form kontinentaler Eisschilde, von Gebirgsgletschern, als Packeis oder Schnee vorkommt. All diese Vorgänge folgen den physikalischen Grundgesetzen, die bekannt sind und mit Hilfe der Sprache der Mathematik ausdrückt werden. Die zeitliche Entwicklung der physikalischen Größen ist an jedem Ort durch einen Satz gekoppelter partieller Differentialgleichungen gegeben. Zu deren Lösung muss man die entsprechenden Anfangs- und Randbedingungen spezifizieren. Die Gleichungen sind sehr komplex und in hohem Maße nichtlinear, sodass man sie nur näherungsweise mit Methoden der numerischen Mathematik und mit Hochleistungscomputern lösen kann. Als Klimamodell bezeichnen wir das entsprechende Computerprogramm. Die numerische Lösung ist per Definition nicht exakt und führt zu Fehlern. Man benötigt enorme Rechnerressourcen, um die Fehler möglichst klein zu halten. Daher gibt es in der Klimaforschung immer mehr Berührungspunkte mit Fächern wie der Informatik und dem wissenschaftlichen Rechnen.

Die Erforschung der Ursachen und Auswirkungen der globalen Erwärmung erfordert die enge Zusammenarbeit zahlreicher Wissenschaftsdisziplinen. Ein Beispiel: Nicht das gesamte Kohlendioxid, das wir Menschen in die Atmosphäre entlassen, verweilt dort für sehr lange Zeit. Die Meere und auch die Pflanzen nehmen einen beträchtlichen Teil des von uns emittierten Kohlendioxids auf. So haben die Meere etwa die Hälfte des seit dem Beginn der Industrialisierung durch die Verbrennung der fossilen Brennstoffe in die Atmosphäre entlassenen Kohlendioxids aufgenommen. Wir müssen uns daher zwangsläufig mit den biogeochemischen Stoffkreisläufen befassen, in diesem Beispiel mit dem Kohlenstoffkreislauf. Er bestimmt den Gehalt von Kohlendioxid in der Atmosphäre und letztlich mit darüber, wie stark die globale Erwärmung ausfällt. Entsprechende Überlegungen gelten für die Treibhausgase Methan (CH_4) und Lachgas (N_2O) und deren Kreisläufe. Neben den physikalischen Prozessen werden aus diesem Grund in den heutigen Klimamodellen zunehmend die biogeochemischen Wechselwirkungen einbezogen. Die erweiterten Modelle werden als Erdsystemmodelle bezeichnet.

Die Stoffkreisläufe sind jedoch nur unzureichend verstanden. Es existieren im Gegensatz zu den physikalischen Vorgängen oftmals keine allgemeingültigen Gesetze, welche die biogeochemischen Vorgänge beschreiben und in Form mathematischer Gleichungen in die Modelle eingefügt werden könnten. Unsere Wissenslücken hinsichtlich der biogeochemischen Kreisläufe sind zum Teil auch darin begründet, dass viele Prozesse sehr kleinräumiger Natur sind und ihre Bedeutung erst jüngst erkannt worden ist. Daraus erklärt sich das Aufkommen ganz neuer Forschungsfelder im Bereich der Klima- und Erdsystemwissenschaften wie etwa das der biologischen Ozeanographie oder der Mikrobiologie, die sich unter anderem mit Vorgängen auf der planktonischen oder sogar der noch kleineren Zellskala befassen. Bestimmte Bakterienarten beispielsweise können im Meer gelösten Stickstoff aufnehmen und als eine Art Dünger für Plankton wirken. Plankton ist ein wichtiges Glied in der Nahrungskette und damit auch wichtig für den Stickstoff- und Kohlenstoffkreislauf.

Betrachten wir die marine Komponente des Kohlenstoffkreislaufs etwas genauer, um die komplizierte Wechselwirkung mit dem physikalischen System und die Notwendigkeit der Einbeziehung dieser Rückkopplung zu verstehen. Die globale Erwärmung ändert die Löslichkeit des Meerwassers für Gase: Je wärmer das Wasser, umso geringer die Löslichkeit. Die Aufnahmefähigkeit für Kohlendioxid nimmt mit der Erwärmung ab. Die Kohlendioxidaufnahme durch die Meere führt andererseits zu ihrer Versauerung, eine Belastung für die Ökosysteme. Die Entfernung von Kohlendioxid aus der Atmosphäre erfolgt sowohl auf chemischem als auch biologischem Wege. Die chemische wie auch die biologische „Kohlendioxidpumpe" werden nach heutigem Kenntnisstand im Laufe der Zeit infolge der Erwärmung und Versauerung an Effektivität verlieren, sodass ein größerer Anteil der Kohlendioxidemissionen in der Atmosphäre verbleiben wird. Dadurch würde sich die globale Erwärmung beschleunigen.

Ähnliche Überlegungen gelten für die Landkomponente des Kohlenstoffkreislaufs. Die Klima-Kohlenstoff Wechselwirkung verdeutlicht die komplexen Vorgänge im Erdsystem. Sie ist nur ein Beispiel für das Zusammenspiel zwischen den physikalischen und den biogeochemischen Prozessen, deren Berücksichtigung unerlässlich für das Verständnis des Klimas der Zukunft und der Vergangenheit ist. Folgerichtig verändert sich die Klimaforschung immer mehr in die Richtung einer interdisziplinären Forschung, was sich schließlich in dem heutigen Lehrangebot an den Hochschulen widerspiegelt.

Weitere relativ neue Forschungsfelder sind: die mögliche Destabilisierung der in begrenzten Gebieten an den Kontinentalabhängen vorkommenden gefrorenen Methanvorkommen (Methanhydrate) infolge der globalen Erwärmung, was zu einer beschleunigten globalen Erwärmung einerseits und zu einer zunehmenden Versauerung in diesen Gebieten andererseits führen könnte. Ein anderes sehr wichtiges Beispiel der anthropogenen Klimabeeinflussung ist die Zerstörung der als UV-Filter wirkenden stratosphärischen Ozonschicht in der mittleren Atmosphäre durch die Fluorchlorkohlenwasserstoffe (FCKW). Infolge des Ausstoßes von Kohlendioxid kühlt sich die Stratosphäre ab, während sich die Erdoberfläche und die unteren Luftschichten erwärmen. Die Temperaturabnahme in den oberen Schichten fördert die Ozonzerstörung und kann somit die Erholung der Ozonschicht nach dem internationalen Verbot der FCKW verlangsamen. Andererseits könnte die Erholung der Ozonschicht wiederum einen Einfluss auf die Erwärmung ausüben. Die wahrscheinlich durch den Ozonverlust verursachte stärkere Winter-Zirkulation über der Antarktis könnte sich wieder normalisieren, was eine beschleunigte Erwärmung der oberflächennahen Antarktis infolge eines verstärkten atmosphärischen Wärmetransports aus den mittleren Breiten nach sich ziehen würde. Die Antarktis hat sich während der letzten Jahrzehnte im Vergleich zur Arktis deutlich weniger erwärmt und könnte gewissermaßen nachziehen.

Wir müssen den schwierigen Spagat zwischen sektoraler und interdisziplinärer Forschung meistern. Es gibt in jedem einzelnen Fach noch erhebliche Wissenslücken. Ein Beispiel aus der Atmosphärenphysik ist die Rolle der Wolken im Klimasystem. Ihre Wirkungsweise ist in nur sehr groben Zügen bekannt und in den Klimamodellen berücksichtigt. Die Wolkenmikrophysik und die Wolken-Strahlung Wechselwirkung sind zwei wichtige Themen der Grundlagenforschung in der Meteorologie. Große Defizite gibt es natürlich auch in den anderen Fächern, beispielsweise in der Atmosphären- oder Meereschemie.

Fazit

Die Einbeziehung weiterer Disziplinen in die Klima- und Erdsystemforschung ist notwendig. Sie darf aber nicht zu Lasten der sektoralen Forschung gehen. Dies würde zwar die Komplexität der Modelle erhöhen, aber nicht notwendigerweise zum Erkenntnisgewinn beitragen. Die Grundlagenforschung muss ihren festen Platz in der Forschungslandschaft behalten, selbst dann, wenn die Ergebnisse nicht kurzfristig zum Erkenntnisgewinn beitragen.

Gesellschaftliche Relevanz

Die gesellschaftliche Relevanz des Themas Klima zu beschreiben, hieße Eulen nach Athen zu tragen. Wir Menschen stellen ein in unserer Geschichte bisher einmaliges Experiment an: Es gelangen durch unsere vielfältigen Aktivitäten Jahr für Jahr große Mengen Treibhausgase in die Atmosphäre. Allein die weltweiten Kohlendioxidemissionen haben sich im Jahr 2010 auf über 30 Milliarden Tonnen belaufen. Rechnet man die anderen Treibhausgase auf das Kohlendioxid um, waren es ca. 50 Milliarden Tonnen Kohlendioxidäquivalente. Nach allem, was wir wissen, muss dies unweigerlich zu einer globalen Erwärmung führen. Die Öffentlichkeit wie auch die Weltpolitik wissen, worum es geht. Zu offensichtlich sind die Auswirkungen eines sich schnell ändernden Klimas für die Menschheit. Es geht um nicht weniger als den Erhalt der so günstigen Lebensbedingungen auf unserem Planeten.

Stellvertretend seien hier als mögliche Risiken eine Häufung extremer Wetterereignisse, ein schneller Meeresspiegelanstieg oder die Versauerung der Weltmeere infolge der Aufnahme anthropogenen Kohlendioxids genannt. Ein Anstieg des Meeresspiegels von einem Meter bis zum Ende des Jahrhunderts würde vielen Millionen Menschen schlichtweg die Lebensgrundlage entziehen. Eine zunehmende Sommertrockenheit würde die Landwirtschaft in vielen Ländern beeinträchtigen, und eine übermäßige Versauerung das Meer als Nahrungsmittelieferanten gefährden. Aus diesem Grund haben sich nahezu alle Staaten der Erde bereits im Jahr 1992 in der Klimarahmenkonvention der Vereinten Nationen von Rio de Janeiro dazu verpflichtet, eine „gefährliche anthropogene Störung des Klimasystems" zu verhindern.

Daneben besitzt der Klimawandel Auswirkungen auf die Wirtschaft und die Politik. Die Wirtschaft ist in zweierlei Hinsicht betroffen. Zum einen könnte es infolge eines ungebremsten Klimawandels wirtschaftliche Verwerfungen geben, etwa eine weltweite Rezession. Zum anderen werden wir während dieses Jahrhunderts die Weltwirtschaft in eine kohlendioxidfreie umbauen müssen, um einen für die Menschheit in Ausmaß und Geschwindigkeit einmaligen Klimawandel zu vermeiden. Davon werden insbesondere die Energiesysteme betroffen sein, da ein gefährlicher Klimawandel nur dann verhindert werden kann, wenn wir den regenerativen Energien (Sonne, Wind, Wasser, Erdwärme etc.) in den kommenden Jahrzehnten zum Durchbruch verhelfen. Dazu wäre es auch erforderlich, die Stromnetze auszubauen und neue intelligente Systeme wie etwa „smart grids" zu entwickeln, um die sehr stark räumlich und zeitlich fluktuierenden regenerativen Energieangebote optimal zu nutzen und es den Verbrauchern zu ermöglichen, sehr kurzfristig günstige Stromtarife für ihren Bedarf zu nutzen.

Die Industrie wird sich auf die zu erwartenden Veränderungen einstellen müssen. Die Energiegewinnung der Zukunft wird mehr auf den erneuerbaren Energien fußen und dezentraler als bisher sein. Der vermehrte Einsatz regenerativer Energien wird sie zwingen, neue Produkte zu entwickeln. Hier sei die E-Mobilität als Beispiel genannt, die die Entwicklung neuer Antriebe erfordert oder auch die Entwicklung verbesserter Speichermedien für Energie wie beispielsweise leistungsfähigere Batteriesysteme. Die Politik wird dafür die Rahmenbedingungen setzen müssen, und das in internationaler Abstimmung. Mögliche politische Maßnahmen wie die weltweite Einführung des Emissionshandels oder einer Kohlenstoffsteuer werden Auswirkungen auf die Akteure in der Wirtschaft haben. Und die wirtschaftliche Entwicklung wird wiederum Einfluss auf die politischen Entscheidungen nehmen. Ein ungebremster Klimawandel würde darüber hinaus die Unterschiede in den Lebensbedingungen auf der Erde noch vergrößern. Es ist zu befürchten, dass sich dadurch die globale Sicherheitslage verschlechtern wird. Konflikte wären programmiert.

Das Klimaproblem ist nicht national lösbar. Eine weltweite Kooperation wäre von Nöten. Daraus entspringen ganz neue Anforderungen an die Politik und die Wirtschaft, sodass man die Wirtschafts-, Gesellschafts- und Geisteswissenschaften in die Suche nach geeigneten Lösungen mit einzubeziehen muss. Die Klimaforschung wird sich dieser Herausforderung stellen müssen. Die Wirtschaftswissenschaften sind schon vergleichsweise stark in die Klimaforschung eingebunden. Das bekannteste Beispiel ist die im Jahr 2007 erschienene und als „Stern Report“ bekannte Studie von Sir Nicholas Stern mit dem Titel „Die Ökonomie des Klimawandels“, die die Gefahren eines ungebremsten Klimawandels für die Weltwirtschaft aufzeigt. Andere Wissenschaften wie die Rechts- Ethik- und Religionswissenschaften werden folgen.

Fazit

Das Problem der globalen Erwärmung und seine potentiellen Auswirkungen sind in ihren Grundzügen verstanden. Im Moment ist allerdings nicht zu erkennen, welche Lehren wir Menschen daraus ziehen. Wir haben kein Erkenntnisproblem sondern ein Umsetzungsproblem.

Was ist der aktuelle Wissensstand?

Was wissen wir heute über das Klima im Allgemeinen und die Dynamik des Klimas und des Klimawandels im Speziellen? An dieser Stelle seien zwei Kernaussagen vorangestellt:

- Das Klima schwankt infolge natürlicher Einflüsse auf einer Vielzahl von Zeitskalen. Dabei können die Schwankungen vom Erdsystem selbst hervorgerufen werden, etwa infolge der chaotischen Natur einzelner Komponenten. Oder die Schwankungen werden von außen angeregt, beispielsweise durch Änderungen der auf die Erde einfallenden Sonnenstrahlung. Die Untersuchung der natürlichen Klimaschwankungen ist ein zentrales Thema der Klimaforschung und sie werden auch hier einen großen Raum einnehmen.

- Der Mensch ist inzwischen zu einem wichtigen „Klimamacher" geworden. Der Chemie-Nobelpreisträger Paul Crutzen hat im Jahr 2000 den Namen Anthropozän für unser heutiges Erdzeitalter geprägt. Er wollte damit deutlich machen, dass der Mensch inzwischen zur Befriedigung seiner Bedürfnisse einen Einfluss auf das Erdsystem ausübt, der eine mit natürlichen Einflüssen vergleichbare Dimension erreicht hat.

Die Klimaentwicklung des 20. und 21. Jahrhunderts kann nur als ein Nebeneinander von natürlichen und anthropogenen Schwankungen begriffen werden. Wir besitzen ein ausreichendes Verständnis dafür, wie bestimmte Gase das Klima der Erde beeinflussen, wie sie die Strahlungsbilanz der Erde ändern und damit eine globale Erwärmung herbeiführen. Ein Temperaturanstieg ist messbar und er beträgt in der Nähe der Oberfläche seit 1900 global ungefähr 0,7 °C (Abb. 1), gemittelt über die Nordhalbkugel etwa 1 °C und sogar noch mehr in der Arktis. Die Erwärmung hat Folgen: Sie hat während des gleichen Zeitraums einen Anstieg des Meeresspiegels um knapp 20 cm im weltweiten Durchschnitt verursacht. Der geht auf die Wärmeaufnahme und der damit in Verbindung stehenden Ausdehnung des Meerwassers einerseits, schmelzende Gletscher und den Rückzug der kontinentalen Eisschilde Grönlands und im geringen Maße der Antarktis andererseits zurück. Außerdem hat sich das arktische Meereis während der letzten Jahrzehnte mit einer großen Geschwindigkeit zurückgezogen. Hier sprechen die Daten eine eindeutige Sprache: Der Mensch ist dabei, das Klima auf globaler Skala zu ändern.

Die natürlichen Klimaschwankungen erschweren allerdings die Quantifizierung des exakten Beitrags des Menschen an der gemessenen Klimaänderung. Tatsache ist, dass sich die Treibhausgase in der Atmosphäre etwa aufgrund der Art der Energiegewinnung oder der Brandrodung der Regenwälder anreichern. Das Kohlendioxid hat inzwischen eine atmosphärische Konzentration erreicht, die es seit vielen Jahrhunderttausenden nicht mehr gegeben hat, sie ist vermutlich einmalig in der Geschichte der Menschheit. Auf jeden Fall ist sie niemals während der letzten 800 000 Jahre so hoch gewesen wie heute. Das belegen Bohrungen im Eis der Antarktis und die Analyse der eingeschlossenen Luftbläschen. Man geht in der Klimaforschung heute davon aus, dass mehr als die Hälfte des gemessenen weltweiten Temperaturanstiegs während des 20. Jahrhunderts mit einer Wahrscheinlichkeit von mehr als 90 % auf den Menschen zurückgeht. Das sagt der letzte Sachstandbericht des IPCC aus dem Jahr 2007, an dem mehrere Tausend Wissenschaftler beteiligt waren.

A priori weiß man nicht, auf welche Ursache eine gemessene Änderung zurückgeht. Es kann sich um eine natürliche Schwankung handeln, um eine anthropogene oder eine Überlagerung aus beiden. Vor Beginn der Industrialisierung können wir mit großer Sicherheit davon ausgehen, dass der Mensch nur unwesentlich zu globalen Klimaänderungen beigetragen hat. Die Paläoklimatologie kann daher einen wichtigen Beitrag zur Bestimmung der natürlichen Schwankungsbreite des Klimas leisten. Baumringe beispielsweise geben Aufschluss über die Temperatur und den Niederschlag mit hoher zeitlicher Auflösung. Mit ihnen lässt sich das Klima Mitteleuropas während der letzten 2 500 Jahre recht gut rekonstruieren. Es bleibt jedoch trotz aller Fortschritte eine Unsicherheit hinsichtlich des genauen anthropogenen Anteils an der Erwärmung während der letzten Jahrzehnte: Sind es 60 % oder doch deutlich mehr?

Um diese Unsicherheit zu verringern, bedarf es eines verbesserten Verständnisses der natürlichen Vorgänge im Klimasystem. Das erfordert den Ausbau des weltweiten Beobachtungssystems. Insbesondere über die Prozesse im Meer wissen wir wenig, denn Langzeitmessungen über viele Jahrzehnte gibt es kaum. Aber die Meere sind im erheblichen Maße für die natürlichen Klimaschwankungen in Zeiträumen von Jahrzehnten und Jahrhunderten verantwortlich, also gerade auf den Zeitskalen, auf denen sich die anthropogene Klimaänderung entwickelt. Darüber hinaus ist es notwendig, die Modelle zu verbessern, die trotz aller Erfolge immer noch offensichtliche Mängel aufweisen. Die Modelle spielen eine zentrale Rolle in der Forschung, nicht nur im Hinblick auf das Klima der Zukunft. Sie liefern neben einer Schätzung der natürlichen Klimavariabilität auch den „Fingerabdruck" des Menschen, also die zeitliche und räumliche Ausprägung der zu erwartenden anthropogenen Klimaänderung. Der Fingerabdruck ist nur schwer anhand von theoretischen Überlegungen abzuleiten. Hinsichtlich der Modellverbesserung wären sowohl mehr Messungen als auch ein massiver Ausbau der Rechnerkapazitäten von Vorteil. Mehr Computerleistung würde es ermöglichen, mehr Prozesse aufzulösen und damit mehr Rückkopplungen mit einzubeziehen.

Die zukünftige Klimaentwicklung wird jedoch immer bis zu einem gewissen Grad unsicher bleiben. Und dies aufgrund dreier Faktoren:

- Kurzfristig, während der nächsten Jahre und wenigen Jahrzehnte, werden die natürlichen Klimaschwankungen weiterhin eine wichtige Rolle spielen, da sie bei der noch vergleichsweise geringen globalen Erwärmung diese im erheblichen Maße überdecken können. Einige der Schwankungen sind zwar potentiell vorhersagbar, andere jedoch nicht.
- Langfristig, gegen Ende des Jahrhunderts, wird die Klimaentwicklung sehr stark davon abhängen, wie sich die anthropogenen Treibhausgasemissionen bis dahin entwickeln. Man spricht aus diesem Grund auch nicht von „Vorhersagen“ sondern von „Projektionen“, da die Wahl des Emissionsszenariums die Ergebnisse erheblich bestimmt. Eine Vorhersage der Emissionen ist schlichtweg unmöglich, da sie eine Prognose der weltwirtschaftlichen Entwicklung und der Weltbevölkerung voraussetzen würde.
- Die Klimamodelle sind weit davon entfernt perfekt zu sein. Dies äußert sich in der Unsicherheit hinsichtlich der Klimasensitivität, die von Modell zu Modell sehr verschieden sein kann. Dieser Parameter misst die Änderung der global gemittelten oberflächennahen Temperatur im Gleichgewicht für den Fall einer Verdopplung der vorindustriellen atmosphärischen Kohlendioxidkonzentration von 280 ppm auf 560 ppm.

Fazit

Trotz aller Unsicherheitsfaktoren muss man auf der Basis des heutigen Wissens davon ausgehen, dass wir nicht zuletzt wegen der Trägheit des Klimas noch in diesem Jahrhundert eine weltweite Durchschnittstemperatur erreichen werden, die einmalig in der Geschichte der Menschheit ist.

Weiterführende Literatur

Latif, M. (2009), Klimawandel und Klimadynamik. UTB Ulmer Verlag.

IPCC (2007), Climate Change 2007: The Physical Science Basis. Contribution of Working Group I to the Fourth Assessment Report of the IPCC. Cambridge University Press.

Stern, N. (2007), The Economics of Climate Change. Cambridge University Press.

2 Klima ist nicht Wetter

„Klima ist das, was wir erwarten. Wetter das, was wir bekommen.“ Dieser von vielen Meteorologen gern benutzte Ausspruch trifft den Kern des Unterschieds zwischen dem Wetter und dem Klima. Das Wetter ist der chaotischen Natur der Atmosphäre geschuldet. Mit dem Begriff „Wetter“ bezeichnen wir die kurzfristigen Geschehnisse, während sich der Begriff „Klima“ auf längere Zeiträume bezieht. Die Wetterforschung befasst sich mit einzelnen Wetterelementen, etwa einem bestimmten Tiefdruckgebiet oder einem Hurrikan, die Wettervorhersage mit deren Entwicklung über die nächsten Tage. Die Klimaforschung ist an der Gesamtheit der Tiefs und Hurrikane über längere Zeiträume interessiert und widmet sich beispielsweise der Frage, ob es nächstes Jahr außergewöhnlich viele Tiefs oder Hurrikane geben wird oder ob sie sich infolge der globalen Erwärmung in den kommenden Jahrzehnten häufen werden. Die Klimaforschung ist an der Statistik des Wetters interessiert, nicht an den Einzelereignissen. Gleichwohl bleibt das Verständnis der wesentlichen Wetterabläufe und deren realitätsnahe Simulation in Klimamodellen ein wesentlicher Bestandteil der Klimaforschung.

Es existieren fundamentale Unterschiede zwischen Wetter und Klima, die sich nicht zuletzt auch in den Merkmalen ihrer Vorhersagbarkeit widerspiegeln. Der Begriff „Klima“, so wie wir ihn heute verwenden, ist ein mathematisches Konstrukt. Er bezeichnet das über längere Zeiträume gemittelte Wetter an einem Ort. Um das Klima an einem Ort zu definieren, werden bestimmte meteorologische Kenngrößen wie Luftdruck, Temperatur oder Niederschlag, die alle sechs Stunden an vielen Orten auf der Erde für die operationelle Wettervorhersage erhoben werden, entsprechend der Definition der Weltbehörde für Meteorologie (World Meteorological Organization, WMO) über einen Zeitraum von dreißig Jahren gemittelt. Wenn man wissen möchte, in wieweit die Temperatur des letzten Jahres außergewöhnlich gewesen ist, vergleicht man sie mit dem Mittelwert einer Dreißigjahresperiode. Dabei kann es sich um die letzten dreißig Jahre handeln oder eine andere Periode, wie den Zeitraum 1961–1990, der oft als Bezugszeitraum in der wissenschaftlichen Literatur zu finden ist. Eine exakte Definition des Klimas beinhaltet die Beschreibung der vollständigen Statistik des Wetters, also die Berechnung der kompletten statistischen Verteilung der Wettergrößen. Das erfordert nicht nur die Berechnung des ersten statistischen Moments, des Mittelwertes, sondern auch die Bestimmung der höheren statistischen Momente (Varianz, Schiefe, etc.), die die Schwankungen um den Mittelwert charakterisieren.

Wir sind beim Klima also immer an bestimmten makroskopischen Eigenschaften der Atmosphäre interessiert und nicht an ihren mikroskopischen. Wenn wir Beispiele aus anderen Wissensbereichen suchen, fällt einem sofort der Spielwürfel ein. Der Klimaforscher ist nicht an jeder einzelnen Zahl interessiert, sondern nur an der Wahrscheinlichkeit, mit der sie fällt. Nun weiß man, dass die Wahrscheinlichkeit für jede Zahl die gleiche ist, nämlich ein Sechstel. Wir wissen, dass alle Zahlen gleich häufig auftreten, wenn man nur oft genug würfelt. Die Reihenfolge der Zahlen können wir jedoch nicht vorhersehen. Diese bleibt zufällig. Ähnliches gilt, wenn der Würfel auf die Sechs gezinkt ist. Wir wissen, dass die Sechs häufiger kommen wird als die anderen Zahlen. Wir wissen aber nicht, welche Zahl der nächste Wurf hervorbringen wird. Den einzelnen Wurf kann man mit einem Wetterphänomen vergleichen, die Wahrscheinlichkeit des Auftretens einer bestimmten Zahl mit einem Klimaparameter.

Infolge der Erwärmung haben sich während der letzten Jahrzehnte in Deutschland die Tage mit außergewöhnlich hohen Temperaturen gehäuft, so wie sich die Sechs beim gezinkten Würfel häuft. Das bedeutet aber nicht, dass niedrige Temperaturen gar nicht mehr aufgetreten sind oder in der Zukunft nicht mehr auftreten werden. Die Wahrscheinlichkeit ihres Auftretens hat sich verringert und wird in der Zukunft über den Zeitraum von Jahrzehnten sehr wahrscheinlich weiter abnehmen. Das Beispiel des Würfels erklärt darüber hinaus, dass man aus dem Auftreten eines einzelnen Wetterextrems keine Schlüsse hinsichtlich der Klimabeeinflussung durch den Menschen ziehen kann. Ein kalter Winter ist kein Beleg gegen die anthropogene Klimaänderung, so wie eine einzelne Eins kein Beleg gegen die Manipulation des Würfels ist. Eine außergewöhnliche Hitzeperiode ist auf der anderen Seite kein Beweis für die globale Erwärmung, so wie eine einzelne Sechs auch keinen Hinweis darauf liefert, ob der Würfel gezinkt ist. In der Klimaforschung geht es immer um Wahrscheinlichkeiten. Absolute Aussagen kann es prinzipiell nicht geben.

Die mittlere Temperatur der Erde ändert sich allmählich, wie wir anhand der Abb. 1 gesehen haben. Eine Erwärmung ist auch in Deutschland messbar. Wie kann sich ein Temperaturanstieg auf das Wettergeschehen auswirken, etwa auf die Niederschläge? Die Statistik des Wetters an einem Ort beinhaltet wie bereits ausgeführt weit mehr als den Mittelwert einer bestimmten Größe. Eine Klimaänderung kann selbst dann vorliegen, wenn sich der Mittelwert gar nicht geändert hat. Wenden wir uns zur Beleuchtung dieses Sachverhaltes nun den Niederschlägen zu. Die Abb. 2 zeigt die Entwicklung der Starkniederschläge an der Station Hohenpeißenberg des Deutschen Wetterdienstes, die in den Alpen liegt. Dort ist es seit Ende des vorletzten Jahrhunderts um ein gutes Grad Celsius wärmer geworden.

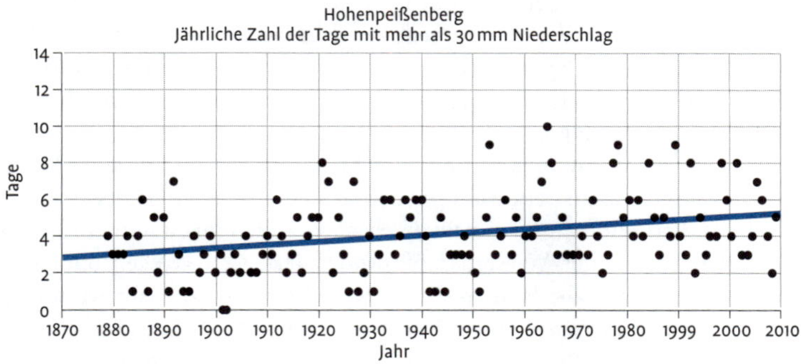

Abb. 2: Anzahl der Tage mit mehr als 30 mm Niederschlag seit 1879 an der Station Hohenpeißenberg des Deutschen Wetterdienstes. Obwohl sich der Jahresniederschlag während des 20. Jahrhunderts kaum geändert hat, ist eine langfristige Zunahme des Auftretens der Niederschlagsextreme zu verzeichnen. Quelle: Deutscher Wetterdienst.

Die Grafik zeigt die Anzahl der Tage mit Niederschlägen von mehr als 30 mm / Tag für jedes Jahr seit 1879. Derartige Regenmengen können bei einem kräftigen Gewitter oder auch bei lang anhaltendem Regen erreicht werden und in bestimmten Gegenden zu Überschwemmungen führen. Tage mit solchen Niederschlagsmengen traten früher typischerweise dreimal im Jahr auf, heute mehr als fünfmal. Während der ersten Hälfte des 20. Jahrhunderts gab es beispielsweise nur ein Jahr mit acht Starkniederschlagstagen, in der zweiten Hälfte waren es zehn Jahre, in denen sogar bis zu zehn Starkniederschlagstage auftraten. Dafür gab es während der letzten fünfzig Jahre kein einziges Jahr mit nur einem Tag mit Starkregen und nur drei Jahre mit zwei Tagen. Gleichwohl gibt es starke Schwankungen von Jahr zu Jahr und sogar von Jahrzehnt zu Jahrzehnt. Die Trendlinie zeigt allerdings klar nach oben, aber nur wenn man den gesamten Zeitraum von mehr als hundert Jahren betrachtet. Wir stellen fest: Die Statistik der Starkniederschläge hat sich geändert.

Wie hat sich nun der mittlere Niederschlag am Hohenpeißenberg während dieser Zeit entwickelt? Seit Beginn der täglichen Niederschlagsmessungen sind die Jahressummen um rund 15 % gestiegen. Der größte Teil des Anstiegs ist allerdings geringeren Niederschlägen bis etwa 1910 geschuldet. Danach ist praktisch kein Trend mehr in den Jahresmittelwerten vorhanden, während die Zahl der Starkniederschläge offensichtlich zugenommen hat. Das verdeutlicht die komplexen Geschehnisse am Hohenpeißenberg: Eine Erwärmung muss nicht unbedingt eine Änderung der Jahresniederschläge bedeuten. Sie kann aber trotzdem das Auftreten von Extremniederschlägen beeinflussen. Um eine Klimaänderung festzustellen, reicht es also nicht aus, sich nur die Mittelwerte anzusehen. Wir müssen uns mit der gesamten statistischen Verteilung beschäftigen.

Wie hängen die Temperatur und die Niederschläge zusammen? Der Wasserdampfdruck ist ein Maß für den absoluten Feuchtigkeitsgehalt der Luft. Wärmere Luft kann prinzipiell mehr Feuchtigkeit aufnehmen als kältere, bevor der Wasserdampf kondensiert, sich Wolken bilden und es regnet. Wir alle kennen das schwüle Wetter, wenn sehr warme Luft zusammen mit einer hohen Feuchtigkeit auftritt. Während solcher Wetterlagen ist der Wasserdampfdruck sehr hoch. Die Messungen am Hohenpeißenberg zeigen, dass die absolute Luftfeuchtigkeit im Verlauf der Erwärmung während des 20. Jahrhunderts allmählich gestiegen ist. Wärmere Jahre sind allerdings nicht immer, wohl aber im Durchschnitt feuchter als kältere Jahre. Feuchte Luft mit einem hohen Wasserdampfanteil hat einen höheren Energiegehalt und damit ein höheres Potential für Unwetter. Ob deren Zahl oder Stärke tatsächlich ansteigt, hängt allerdings von weiteren Einflussgrößen wie etwa den Häufigkeiten bestimmter Großwetterlagen ab.

Fazit

Eine Erwärmung, sei sie natürlichen oder anthropogenen Ursprungs, kann sich auf die Statistik des Wetters in ganz unterschiedlicher Art und Weise auswirken. Es kann sich der Mittelwert einer Größe ändern. Es kann sich aber auch die Variabilität der Größe ändern. Vielleicht ändert sich die Verteilung eines Wetterparameters auch gar nicht, weil sich verschiedene Effekte gegeneinander aufheben. Dies macht die Betrachtung vieler Jahrzehnte für die Erkennung von Klimasignalen notwendig. Aussagen auf der Basis weniger Jahre sind grundsätzlich mit großen Fehlern behaftet.

Vorhersagbarkeit des Klimas

Makroskopische Eigenschaften eines Systems können unter bestimmten Bedingungen vorhersagt werden, selbst wenn es die mikroskopischen nicht sind. Dieses Prinzip ist seit vielen Jahrzehnten aus der kinetischen Gastheorie bekannt, einem Forschungsfeld der theoretischen Physik. Dementsprechend können Klimaänderungen, seien sie saisonal, zwischenjährlich oder noch längerfristiger, vorhersagbar sein, obwohl es die Wetterabläufe über derart lange Zeiträume nicht sind. Die Atmosphäre mit ihrem sich schnell wechselnden Wetter ist das Paradebeispiel für ein chaotisches System, dessen interne Vorhersagbarkeit sehr begrenzt ist: Die theoretische Grenze der Wettervorhersage liegt im Mittel bei nur etwa zwei Wochen. Einige Wetterlagen können zwar über noch längere Zeiträume vorhergesagt werden, andere dagegen nur über sehr viel kürzere. Das wissen wir schon seit einem halben Jahrhundert, insbesondere durch die bahnbrechenden Studien von Edward Lorenz, der die Empfindlichkeit der Wetterabläufe gegenüber den Startwerten mit einem einfachen nichtlinearen Modell Anfang der 1960iger Jahre untersucht hatte.

Die Wetterprognose ist im mathematischen Sinne ein Anfangswertproblem. Das bedeutet, die Vorhersagemöglichkeit des Wetters resultiert aus den Startwerten (math.: Anfangsbedingungen). Man spricht in der Wetter- und Klimaforschung von einer Vorhersage der ersten Art. In chaotischen Systemen wie der Atmosphäre wachsen selbst sehr kleine Fehler in den Anfangsbedingungen – wie etwa ein Fehler in der Bestimmung der aktuellen Temperatur von nur einem Tausendstel Grad Celsius an einem einzigen Ort – rasch an und vermindern erheblich die Qualität der Vorhersage innerhalb weniger Tage. Da wir den

Anfangszustand niemals exakt und an jedem Ort auf der Erde bestimmen können werden, werden wir die theoretische Grenze für die Wettervorhersage von etwa zwei Wochen auch in der Zukunft nicht verlängern können. Selbst in dem hypothetischen Fall, dass wir perfekte Startwerte an jedem beliebigen Ort der Erde zur Verfügung hätten, würden die Modellfehler – ein Wettervorhersagemodell kann niemals perfekt sein – dazu führen, dass die theoretische Grenze von zwei Wochen gilt. Daraus erklärt sich, dass man in der Klimaforschung oft mit dem Argument konfrontiert wird, dass das Klima gar nicht über längere Zeiträume vorhersagefähig sein kann.

Wie können wir dieses scheinbare Dilemma auflösen? Dabei hilft uns die Bedeutung des Wortes Klima. Der Begriff Klima leitet sich von „klinein" ab, dem griechische Wort für „neigen". Die Jahreszeiten sind Folge der Neigung der Erdachse relativ zur Bahnebene der Erde um die Sonne. Die Nordhalbkugel wird während des Nordsommers und die Südhalbkugel während des Nordwinters stärker von der Sonne bestrahlt. Die chaotische Atmosphäre reagiert auf die Änderungen der solaren Einstrahlung, was zu dem charakteristischen Jahresgang der Temperatur führt. Die Änderung des Sonnenstandes ist mathematisch gesprochen die Änderung einer Randbedingung. Und Änderungen der Randbedingungen sind die Basis für die Vorhersage der zweiten Art. Sie beinhaltet die Berechnung der Änderung der Statistik des Wetters als Folge der Änderung einer oder mehrerer Randbedingungen. Die Jahreszeiten sind ein geläufiges, wenngleich triviales Beispiel. Die Tatsache, dass der Sommer bei uns im Mittel wärmer ist als der Winter erklärt sich aus der Änderung der Randbedingung Sonnenstand. Gleichwohl ist die detaillierte Wetterentwicklung innerhalb einer Jahreszeit nicht vorherzusehen. Das entspräche einer Wettervorhersage.

Ähnliche Überlegungen gelten für die Meeresoberflächentemperatur, eine weitere wichtige Randbedingung für die Atmosphäre. Die Oberflächentemperatur des Atlantiks beispielsweise schwankt auf einer Fülle von Zeitskalen, von saisonalen Zeitskalen bis hin zu Jahrhunderten, und nimmt in bestimmten Gegenden einen starken Einfluss auf die Statistik des Wetters, also auf das Klima. So auch auf den Regen in der Sahelzone. Er zeigte seit 1900 ausgeprägte Schwankungen (Abb. 3). Besonders verhängnisvoll für die Menschen in dieser Region war die lange Dürre zwischen 1970 und 1990. Danach ist es zu einer gewissen Normalisierung der Verhältnisse gekommen. Der Niederschlag in der Sahelzone besitzt eine erstaunliche Beziehung zu der Temperatur des Atlantiks, genauer gesagt zu dem Temperaturunterschied zwischen dem

Nord- und dem Südatlantik (Abb. 3). Die beiden Größen zeigen keine klare Beziehung auf den kurzen Zeitskalen von Jahr zu Jahr. Die langperiodischen dekadischen Schwankungen hingegen zeigen eine klare Korrelation. Jahrzehnte eines starken Temperaturgegensatzes zwischen dem Nord- und dem Südatlantik gehen im Mittel mit relativ viel Niederschlag im Sahel einher und umgekehrt.

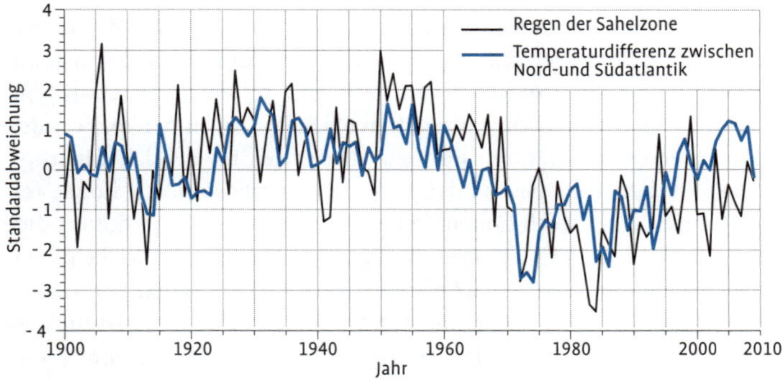

Abb. 3: Änderungen der Randbedingungen sind ein wichtiger Faktor für Änderungen des Zustands der Atmosphäre. Der Niederschlag in der Sahelzone und die Differenz zwischen der nordatlantischen (75 °W–10 °E und 0–90 °N) und südatlantischen (70 °W–25 °E und 0–90 °S) Oberflächentemperatur schwanken gleichphasig auf den dekadischen Zeitskalen. Sowohl der Regen- als auch der Temperaturindex sind mit der langjährigen Standardabweichung normiert und daher dimensionslos, um sie besser miteinander vergleichen zu können. Nach Hurrell et al. 2006.

Der Index der Meeresoberflächentemperatur ist aus gutem Grund als Temperaturdifferenz zwischen dem Nord- und Südatlantik definiert. Viele Studien mit Klimamodellen belegen, dass die dekadischen Änderungen in diesem Index die Variationen des beckenweiten, dreidimensionalen atlantischen Stromsystems widerspiegeln. Kalte, relativ salzige und damit dichte Wassermassen sinken in der Labrador- und Grönlandsee ab und strömen in der Tiefsee über den Äquator hinweg nach Süden. An der Oberfläche strömt warmes Wasser nach Norden. Der Golfstrom und seine Verlängerung, der Nordatlantikstrom, sind Teil dieser beckenweiten Umwälzbewegung, die man auch als „Förderband" bezeichnet. Ist die Umwälzbewegung außergewöhnlich stark, erwärmt sich der oberflächennahe Nordatlantik, während sich der Südatlantik abkühlt. Der Temperaturgegensatz zwischen den beiden Meeresregionen ist dann außergewöhnlich groß. Die Verhältnisse kehren sich um, wenn die Zirkulation eher schwach ist. Somit zeichnet die Temperaturdifferenz in gewisser Weise die langfristigen Änderungen der Umwälzbewegung auf. Die Schwankungen der Strömungen im Atlantik üben über die Oberflächentemperatur einen starken Einfluss auf das Klima der benachbarten Kontinente aus, was die Abb. 3 eindrucksvoll belegt. Wüssten wir also, wie sich die Umwälzbewegung in den nächsten Jahrzehnten entwickelt, könnten wir die dekadischen Änderungen des Niederschlags in der Sahelzone vorhersagen.

Einen ähnlichen Zusammenhang mit der Temperaturdifferenz wie der Regen in der Sahelzone zeigt auch die Hurrikan-Aktivität im atlantischen Raum. Die tropischen Wirbelstürme treten im Atlantik typischerweise in der Zeit von Anfang Juni bis Ende November auf, was den hohen Meerestemperaturen während dieser Zeit im Bereich des tropischen Nordatlantiks geschuldet ist. Die außergewöhnlich hohe Verdunstungsrate bei solch hohen Temperaturen sorgt für die notwendige Energiezufuhr, damit sich derart heftige Sturmsysteme entwickeln können. Die langperiodischen Schwankungen der atlantischen Umwälzbewegung und der Oberflächentemperatur ändern die Verdunstungsrate und besitzen so das Potential, die Hurrikan-Aktivität zu beeinflussen. Es sei aber an dieser Stelle betont, dass die Hurrikan-Aktivität nicht nur von der lokalen Meerestemperatur abhängt, sondern auch von anderen Parametern wie den Höhenwinden oder der vertikalen Stabilität der Luftsäule. Diese sind nicht notwendigerweise von der lokalen Meerestemperatur abhängig und können auch von anderen Meeresregionen beeinflusst werden. In der Tat spielen die Schwankungen der Oberflächentemperatur des äquatorialen Pazifiks hierbei eine ganz wichtige Rolle, insbesondere auf der kürzeren zwischenjährlichen Zeitskala. Die dortigen Verhältnisse sind wie wir weiter unten sehen werden zu Beginn des Sommers für Monate im Voraus berechenbar, worin ein wichtiges Element der saisonalen Hurrikan-Vorhersage besteht.

Die Abb. 3 verdeutlicht zweierlei: Erstens, dass die Meere das Klima, insbesondere das regionale Klima, maßgeblich beeinflussen. Die Änderungen der Meeresströmungen sind ein wichtiger Antrieb für Klimaänderungen. Und zweitens, dass die starken dekadischen Schwankungen in bestimmten Klimaparametern die Erkennung eines möglichen anthropogenen Einflusses erheblich erschweren können. So kann man weder im Niederschlag der Sahelzone noch in den atlantischen Hurrikanen einen statistisch signifikanten Trend während des 20. Jahrhunderts erkennen. Allerdings muss sich auch nicht jeder Parameter infolge der globalen Erwärmung ändern, weil oftmals mehrere Prozesse miteinander konkurrieren. So wirkt etwa die Zunahme der vertikalen Stabilität der tropischen Atmosphäre, ebenfalls eine Folge der globalen Erwärmung, dem Effekt der erhöhten Verdunstung entgegen. Insgesamt wären langfristig sogar weniger Hurrikane denkbar, die außergewöhnlich starken Hurrikane könnten aber dennoch zunehmen.

Die obige Betrachtung zeigt, dass chaotische Systeme wie die Atmosphäre unter Umständen selbst auf relativ langen Zeitskalen vorhersagbar sind, wenn sich bestimmte Randbedingungen ändern und diese selbst für die Zukunft berechnet werden können. Die dekadischen Schwankungen der Oberflächentemperatur des Atlantiks sind in den Änderungen der dreidimensionalen Ozeanzirkulation begründet, und diese sind potentiell mit gekoppelten Atmosphäre-Ozean-Modellen vorhersagbar. Derartige Klimamodelle berechnen neben den physikalischen Vorgängen in der Atmosphäre auch die in den Meeren, wie das dreidimensionale Stromsystem. Ein anderes prominentes Beispiel für den Einfluss einer Randbedingung auf das Klima ist die Änderung der Erdbahn um die Sonne im Rhythmus von etwa 100 000 Jahren, was sich auf die die Erde erreichende Sonnenstrahlung auswirkt. Das war der wichtigste Taktgeber für das Entstehen und Vergehen von Eiszeiten während der letzten Jahrhunderttausende.

Das Klima der Erde ändert sich fortwährend. Und das infolge verschiedener Ursachen. Betrachten wir noch einmal die Entwicklung der global gemittelten Temperatur während des 20. Jahrhunderts (Abb. 1). Sie zeigt einen klaren Erwärmungstrend. In diesem Zeitraum hat sich die Randbedingung atmosphärische Treibhausgaskonzentrationen geändert, insbesondere die Kohlendioxidkonzentration. Hätten wir also zu Beginn der Industrialisierung gewusst, dass der Gehalt der Treibhausgase in der Luft derart schnell steigen würde, hätten wir den Erwärmungstrend prinzipiell vorhersehen können. Und genau das ist der Kern der Vorhersagen zum anthropogenen Klimawandel. Da wir jedoch nicht wissen, wie sich der Treibhausgasausstoß in den kommenden Jahrzehnten entwickeln wird, spricht man nicht von „Vorhersagen" sondern von „Projektionen". Man berechnet die zukünftige Klimaentwicklung unter der Annahme eines Szenariums für die Treibhausgasemissionen. Die Berechnungen zum globalen Klimawandel sind demnach Vorhersagen der zweiten Art. Wir fragen danach, wie sich die Statistik des Wetters infolge der steigenden Treibhausgaskonzentrationen ändern wird. Diese Betrachtung entkräftet das Argument, dass Klimavorhersagen über längere Zeiträume nicht möglich seien, weil das Wetter nur über einige Tage im Voraus berechenbar ist. Es ist eben wichtig, die Vorhersagen der ersten Art von denen der zweiten Art zu unterscheiden. Sie stellen zwei fundamental andere Arten von Prognosen dar. Eine Klimavorhersage ist eben keine Wettervorhersage für sehr lange Zeiträume, sondern sie basiert auf einem völlig anderen mathematischen Prinzip.

Fazit

Im Gegensatz zum Wetter ist das Klima über längere Zeiträume vorhersagbar, wenn die Randbedingungen bekannt sind. Da wir die zukünftige Entwicklung der Treibhausgasemmission nicht kennen, sondern verschiedene Szenarien verwenden, sprechen wir von Klimaprojektionen.

Weiterführende Literatur

Lorenz, E. N. (1963), Deterministic Nonperiodic Flow. J. Atmos. Sci., 20, 130–141.

Palmer, T. and R. Hagedorn (Eds.), (2006), Predictability of Weather and Climate. Cambridge University Press.

3

Empfindliches Treibhausklima

Die Menschheit ist dabei, das Klima der Erde zu ändern. Wir füllen die Luft mit gewaltigen Mengen Treibhausgasen an. Das führt zu einer Verstärkung des irdischen Treibhauseffekts und damit zu einer globalen Erwärmung. Es gibt außerdem verstärkende wie auch dämpfende Prozesse, wobei die Änderung des Wasserkreislaufs die wichtigste verstärkende Rückkopplung ist. Eine Erwärmung bedeutet zwangsläufig einen höheren Wasserdampfanteil in der Luft und damit eine weitere Verstärkung des Treibhauseffektes. Das ist einer der bedeutendsten Vorgänge, die dafür sorgen, dass das Klima so empfindlich auf den anthropogenen Ausstoß von Treibhausgasen reagiert.

Warum ist der auf der Erde im Vergleich zu den anderen Planeten in unserem Sonnensystem recht mild? Dazu müssen wir uns mit den Strahlungsvorgängen in der Atmosphäre beschäftigen. Sie sind von entscheidender Bedeutung für das Klima unseres Planeten und damit auch für das Verständnis des Problems der globalen Erwärmung. Die kurzwellige Sonnenstrahlung ist der Energielieferant fast aller Lebensformen auf der Erde. Sie ist auch der wichtigste Treiber der Bewegungen im Meer und in der Luft. Die Sonnenenergie wird über kurz oder lang in Wärme umgewandelt und diese verlässt die Erde auch wieder in Form von Strahlung, aber als Infrarotstrahlung, also im nichtsichtbaren Bereich. Die Erde tauscht Energie mit dem Weltall praktisch allein über Strahlung aus. Es sind aber die Prozesse innerhalb des Erdsystems, die für die milden Temperaturen und damit für die so günstigen Lebensbedingungen auf der Erdoberfläche verantwortlich sind. Dabei kommt dem Treibhauseffekt eine fundamentale Bedeutung zu, dem wir uns jetzt ausführlich zuwenden wollen.

Strahlung ist der Transport von Energie in Form von elektromagnetischen Wellen, die aus alternierenden elektrischen und magnetischen Feldern bestehen. Der Energietransport durch elektromagnetische

Strahlung unterscheidet sich wesentlich von den anderen Formen des Energietransports, denn die elektromagnetische Strahlung benötigt kein Trägermedium. Sie breitet sich auch im Vakuum aus, und hier mit der höchsten Geschwindigkeit, der Vakuum-Lichtgeschwindigkeit $c = 2{,}9979 \cdot 10^8$ m/s (ca. 300 000 km/s). Elektromagnetische Wellen werden wie andere Wellen auch durch ihre Wellenlänge oder ihre Frequenz charakterisiert. Materie sendet elektromagnetische Strahlung aus und verschluckt sie auch, man spricht von Emission und Absorption. Feste Körper und Flüssigkeiten besitzen ein kontinuierliches Spektrum von Wellen, das sie emittieren und absorbieren. Gase hingegen emittieren und absorbieren sehr selektiv bei einzelnen Wellenlängen oder kleinen begrenzten Bereichen von Wellenlängen. Man spricht in diesem Zusammenhang von Linien- oder Bandenspektren.

Lokal oder regional und bei der Betrachtung kurzer Zeiträume herrscht im Allgemeinen kein Strahlungsungleichgewicht, das heißt die Energie der solaren Ein- und irdischen infraroten Ausstrahlung ist nicht gleich. Die damit verbundene lokalen Erwärmungen oder Abkühlungen lösen thermodynamische Prozesse und Bewegungen aus. Die Heizraten sind der Motor für die atmosphärischen und ozeanischen Zirkulationssysteme. So weisen die äquatorialen Gegenden über das Jahr gesehen einen Energieüberschuss, die polaren Regionen ein Energiedefizit auf. Das setzt Ausgleichsbewegungen in Gang, mit dem Ziel die Temperaturunterschiede zwischen den verschiedenen Breitenzonen so gering wie möglich zu halten. Global und auf den längeren Zeitskalen sind jedoch die solare Ein- und terrestrische Ausstrahlung im Gleichgewicht. Dieser Gleichgewichtszustand ist der mittlere Klimazustand unseres Planeten, mit seinen typischen Temperatur, Niederschlags- oder Windmustern, wie wir sie aus Atlanten kennen.

Betrachten wir diesen Zustand etwas genauer, wobei wir uns auf die globalen Verhältnisse beschränken. Bei einer Erde ohne eine Atmosphäre wäre ihre Oberflächentemperatur ausschließlich durch die Bilanz zwischen eingestrahlter Sonnenenergie und der von der Erdoberfläche abgestrahlten Infrarotstrahlung bestimmt. Die Oberflächentemperatur würde im Durchschnitt unter Berücksichtigung der in den Weltraum reflektierten und für die Erde nicht zur Verfügung stehenden Sonnenstrahlung etwa −18 °C betragen. Selbst eine nur aus Stickstoff (78 %), Sauerstoff (21 %) und Edelgasen (0,9 %) bestehende Atmosphäre, die mit 99,9 % die Hauptkomponenten der Atmosphäre bilden, würde dies kaum ändern. Einige der verbleibenden und in nur sehr geringen Mengen in der Luft vorkommenden Gase wie der Wasserdampf und das Kohlendioxid, die nur einen Bruchteil der verbleibenden 0,1 % an der Erdatmosphäre ausmachen, sind allerdings äußerst klimaaktiv und bestimmen im Wesentlichen die Temperatur der Erdoberfläche durch ihren Treibhauseffekt. Sie absorbieren die von der Erdoberfläche ausgehende Infrarotstrahlung und emittieren sie wieder, zum Teil auch in die Richtung der Erdoberfläche. Ein Teil der Energie ist gewissermaßen unten gefangen, so ähnlich wie die Wärme in einem Treibhaus. Daraus erklärt sich der Name Treibhauseffekt.

Das Kirchhoff'sche Strahlungsgesetz beschreibt den Zusammenhang zwischen der Absorption und der Emission. Es besagt, dass Strahlungsabsorption und -emission einander entsprechen: Körper oder Gase, die gut absorbieren, strahlen auch gut und umgekehrt. Gute Absorber sind also gute Emitter, ein wichtiger Zusammenhang im Hinblick auf den Treibhauseffekt. Er führt zu einer zusätzlichen Erwärmung der Erdoberfläche. Deren Temperatur beträgt daher im globalen Mittel ca. +15 °C. Der Treibhauseffekt ist der Garant für die lebensfreundlichen Temperaturen auf der Erde. Diesen Sachverhalt kann man in der folgenden einfachen mathematischen Gleichung für die global gemittelte Temperatur T zusammenfassen:

$$\frac{S}{4}(1-\alpha) = \varepsilon\sigma T^4 \qquad (1)$$

Die Gleichung (1) stellt eine Energiebilanz dar. Sie ist in gewisser Weise das einfachste Klimamodell. Es ist nulldimensional und liefert als Ergebnis nur eine Zahl, die global gemittelte Temperatur der Erde. Die linke Seite der Gleichung steht für die Energiezufuhr durch die kurzwellige Sonnenstrahlung, die rechte Seite für den Energieverlust der Erdoberfläche in Form der langwelligen Infrarotstrahlung.

Jeder Körper strahlt entsprechend seiner Temperatur elektromagnetische Strahlung ab. Die Verteilung mit der Wellenlänge wird dabei als Planck-Funktion bezeichnet und entspricht in etwa einer „schiefen" Glockenkurve (siehe Abb. 4). Die Abstrahlung der rund 6000 Grad Kelvin (K) heißen Sonne erfolgt hauptsächlich bei kurzen Wellenlängen, die im sichtbaren Spektralbereich liegen. Dabei ist die in Celsius (°C) gemessene Temperatur Θ durch die folgende Formel mit der Temperatur T gemessen in Kelvin verknüpft: $T = \Theta + 273{,}16$. Die Abstrahlung der viel kälteren Erde erfolgt dagegen hauptsächlich im langwelligeren infraroten Spektralbereich. Die Überlappung der beiden Spektralbereiche ist nur gering.

Wenden wir uns zunächst der linken Seite der Gleichung zu, die mit der kurzwelligen Sonnenstrahlung zu tun hat. Hierin ist $S = 1368 \pm$

2 W/m^2 die Solarkonstante, die nicht exakt bestimmt werden kann und auch gewissen Schwankungen unterliegt. Die Strahlung fällt außerdem nicht an jedem Ort der Erdoberfläche senkrecht ein, sodass zu jedem Zeitpunkt insgesamt nur eine Kreisfläche von der Sonne beschienen wird, woraus sich die Division der Solarkonstante S mit vier erklärt. Ein Teil der Sonnenstrahlung erreicht die Erdoberfläche nicht und steht ihr damit als Energielieferant nicht zur Verfügung. Wolken oder helle Flächen wie eis- oder schneebedeckte Gebiete und Wüsten beispielsweise reflektieren sie teilweise zurück in den Weltraum. Dieser Anteil ist die planetare Albedo und beträgt etwa 30 %, sodass in obiger Gleichung der Parameter $\alpha = 0{,}3$ beträgt.

Die rechte Seite beschreibt die von der Erde ausgehende langwellige Infrarotstrahlung. Diese hängt entsprechend dem Stefan-Boltzmann Gesetz von der vierten Potenz der absoluten Temperatur T ab, die in Kelvin (K) gemessen wird. Die Konstante $\sigma = 5{,}77\ 10^{-8}\ W/(K^4m^2)$ ist die Stefan-Boltzmann-Konstante. Der als Vorfaktor erscheinende Parameter ε ist ein Maß für den irdischen Treibhauseffekt. Mit $\varepsilon = 0{,}62$ ergibt sich die tatsächliche Oberflächentemperatur der Erde von ca. +15 °C. Der Parameter ε beschreibt in diesem einfachen mathematischen Modell die Tatsache, dass die Atmosphäre nicht komplett transparent für die von der Erdoberfläche ausgehende Infrarotstrahlung ist. Der Fall $\varepsilon = 1$ entspräche einer komplett durchlässigen Erde ohne eine Atmosphäre und liefert dementsprechend eine Temperatur von ca. –18 °C. Die Atmosphäre ist also im Wesentlichen transparent für die Sonnenstrahlung jedoch nur schlecht für die terrestrische Strahlung: Die Atmosphäre wirkt wie das Glas eines Treibhauses.

Die an dem Treibhauseffekt beteiligten Gase besitzen nur sehr geringe Konzentrationen, man spricht deswegen auch von Spurengasen. Allerdings ist nicht jedes Spurengas auch ein Treibhausgas. Das bei weitem wichtigste Treibhausgas ist der Wasserdampf mit einem Anteil von knapp zwei Drittel am natürlichen Treibhauseffekt. Das zweitwichtigste Gas ist das Kohlendioxid mit einem Anteil von etwa einem Viertel. Studien mit komplexen Klimamodellen deuten allerdings an, dass der Wasserdampf nur deswegen eine so große Bedeutung besitzt, weil andere Gase wie Kohlendioxid und Methan durch ihren Treibhauseffekt eine genügend hohe Temperatur aufrechterhalten. Diese garantiert einen Mindestgehalt an Wasserdampf in der Atmosphäre. Je höher die Temperatur ist, umso mehr Wasser verdunstet und umso mehr Wasserdampf befindet sich dauerhaft in der Luft. Setzt man beispielsweise die Kohlendioxidkonzentration in den Modellen auf den Wert null, vereist der Planet innerhalb weniger Jahrzehnte. Man gelangt in eine Art Teufelskreis. Die Temperatur sinkt, der Wasserdampfgehalt der Luft nimmt ab, der Treibhauseffekt verringert sich, die Temperatur fällt weiter und so fort. Der Wasserdampf ist daher auch ein wichtiges Rückkopplungsgas, das anfängliche Tendenzen verstärkt und damit kleinen Störungen zu einer Wirkung von klimatischer Relevanz verhelfen kann. Und genau das ist einer der Gründe, warum der Mensch durch den Ausstoß von Treibhausgasen wie Kohlendioxid das Klima der Erde in großem Maßstab zu ändern vermag.

Die Treibhausgase nehmen wegen unserer Aktivitäten seit Beginn der Industrialisierung kontinuierlich zu: Kohlendioxid (CO_2) um 40 %, Methan (CH_4) um 120 % und Distickstoffoxid (N_2O) um 10 %. Außerdem befinden sich immer noch große Mengen an ozonzerstörenden Fluorchlorkohlenwasserstoffen (FCKW) in der Atmosphäre, die ausschließlich anthropogenen Ursprungs und auch treibhauswirksam sind. Mehr Treibhausgase verstärken den irdischen Treibhauseffekt und führen unweigerlich zu einer globalen Erwärmung. In der Gleichung (1) würde sich der Parameter ε durch den stärkeren Treibhauseffekt verringern. Man spricht in diesem Zusammenhang auch vom zusätzlichen oder anthropogenen Treibhauseffekt. Das Kohlendioxid ist mit einem Anteil von etwa 60 % das mit Abstand wichtigste Gas hinsichtlich der Klimabeeinflussung durch den Menschen. Es sei hier ausdrücklich angemerkt, dass man den anthropogenen vom natürlichen Treibhauseffekt unterscheiden muss, wenn man die Wichtigkeit der verschieden Gase bewerten möchte. Während beim natürlichen Treibhauseffekt der Wasserdampf den weitaus größten Anteil besitzt, ist es beim anthropogenen Treibhauseffekt das Kohlendioxid. Das führt immer wieder zu einer gewissen Verwirrung in der öffentlichen Diskussion um die globale Erwärmung.

Ein weiterer Punkt ist an dieser Stelle wichtig: Nur die Erdoberfläche und die unteren Luftschichten erwärmen sich durch den vom Menschen verursachten zusätzlichen Treibhauseffekt. Die Stratosphäre, das zweite Stockwerk der Atmosphäre, muss sich aus theoretischen Erwägungen abkühlen, was man auch während der letzten Jahrzehnte beobachtet hat. Der Grund: Das Kohlendioxid absorbiert in „seinem" Spektralbereich den Hauptteil der von der Erdoberfläche ausgehenden Infrarotstrahlung bereits in den unteren Luftschichten, sodass nur noch ein kleiner Teil die Stratosphäre, insbesondere deren obere Schichten, erreicht. Das dortige Kohlendioxid absorbiert zwar diesen Rest, strahlt aber auch Infrarotstrahlung in Richtung des Weltraums ab. Die Emission übertrifft dabei die Absorption, es entsteht ein Energiedefizit, weil gewissermaßen der Nachschub von unten fehlt. Die Temperatur der

Stratosphäre nimmt als Folge ab. Die Erwärmung der unteren Luftschichten, der Troposphäre, bei gleichzeitiger Abkühlung der Stratosphäre ist ein wichtiger Fingerabdruck des menschlichen Einflusses auf das Klima. Eine als Ursache für die globale Erwärmung immer wieder ins Feld geführte stärkere Sonnenstrahlung würde zwar auch eine Erwärmung der Erdoberfläche und der benachbarten Luftschichten bewirken, allerdings keine Abkühlung der Stratosphäre hervorrufen.

Verstärkende und als positive Rückkopplungen bezeichnete Prozesse spielen im Erdsystem eine wichtige Rolle. Auch das Ausmaß der globalen Erwärmung kann man nicht ohne bestimmte positive Rückkopplungen verstehen. Allen voran ist hier die bereits erwähnte Wasserdampfrückkopplung zu nennen. Eine anfängliche Erwärmung durch den von uns verursachten erhöhten Kohlendioxidanteil der Luft lässt den Wasserdampfgehalt der Atmosphäre wegen der erhöhten Verdunstungsrate steigen, wodurch sich der Treibhauseffekt weiter verstärkt. In der Tat verdoppelt die Wasserdampfrückkopplung in etwa den Effekt der anthropogenen Treibhausgasemissionen auf die global gemittelte Oberflächentemperatur. Insofern spielt der Wasserdampf nicht nur für den natürlichen sondern auch den anthropogenen Treibhauseffekt eine wichtige Rolle, obwohl der Mensch selbst keine nennenswerten Mengen ausstößt. Eine Erwärmung lässt darüber hinaus die Schnee- und Eisflächen schrumpfen, wodurch sich die planetare Albedo α in Gleichung (1) verringert, eine weitere wichtige positive Rückkopplung, die die Temperatur der Erde weiter steigen lässt.

Die Strahlungsbilanz der Erde wird außerdem von den Aerosolen beeinflusst. Das sind feste und flüssige atmosphärische Schwebstoffe. Sie entstehen sowohl durch natürliche Vorgänge als auch durch menschliche Aktivitäten. Natürliche Quellen können Vulkanausbrüche, Wüstenstürme oder Seesalz sein. Die anthropogenen Quellen sind ähnlich wie beim Kohlendioxid vor allem die Verbrennung der fossilen Brennstoffe und von Biomasse. Die Aerosole besitzen eine völlig andere Wirkung auf den Strahlungshaushalt als die Treibhausgase. Auf die langwellige Wärmestrahlung haben sie so gut wie keinen Einfluss. Sie schwächen hauptsächlich die kurzwellige Solarstrahlung, ein Vorgang, den man als den direkten Aerosoleffekt bezeichnet. Die Aerosole ändern aber auch die optischen Eigenschaften von Wolken, worin ihr indirekter Effekt auf die Strahlungsbilanz besteht. Insbesondere erhöht sich durch die Aerosole die Wolkenalbedo. Eine mit Aerosolen verunreinigte Wolke weist mehr kleinere Tropfen auf als eine saubere und ist deswegen heller. Sie reflektiert aus diesem Grund mehr Sonnenstrahlung.

Die Stärke sowohl des direkten als auch des indirekten Aerosoleffekts ist sehr umstritten. Insgesamt erhöhen die Aerosole die planetare Albedo α in Gleichung (1) und wirken abkühlend. In der Diskussion um den anthropogenen Treibhauseffekt und die zukünftige Klimaentwicklung spielen Aerosole eine wesentliche Rolle, da der globale Temperaturanstieg der letzten Jahrzehnte ohne sie wahrscheinlich um einige wenige Zehntel Grad Celsius höher ausgefallen wäre und auch die zukünftige Erwärmung merklich größer sein würde als ohne ihren Ausstoß. Die Aerosole wirken demnach der anthropogenen Erwärmung bis zu einem gewissen Grad entgegen und sind daher auch ein wichtiger Schwerpunkt der aktuellen Klimaforschung. Wir werden uns aber hier nicht weiter mit ihnen beschäftigen, weil ihr Einfluss auf das globale Klima weitaus schwächer ist als der der Treibhausgase.

Vorgänge im Mikrokosmos

Die obige für einen Atmosphärenphysiker sehr einfache Beschreibung der Strahlungsprozesse verschleiert die äußerst komplexen Vorgänge in der Atmosphäre. Diese lassen sich exakt nur mit Hilfe der von Max Planck formulierten und Albert Einstein weiterentwickelten Quantenphysik erklären. Um die Grundzüge der Strahlungsübertragung in der Atmosphäre zu verstehen, muss man sich den Vorgängen im Mikrokosmos zuwenden. Wir müssen uns mit Molekülen, Atomen, Elektronen und mit deren Bausteinen beschäftigen. Der Mikrokosmos entzieht sich zwar unserem Auge, er existiert aber. Und das nicht nur in mathematischen Theorien der modernen Physik. Man kann das Vorhandensein der Welt der Elementarteilchen experimentell nachweisen. Absorption und Emission finden im Mikrokosmos statt. Es würde schwerfallen, die Wirkung eines Gases wie Kohlendioxid zu verstehen, ohne zumindest einmal in den Mikrokosmos hinein geblickt zu haben.

Man kann elektromagnetische Strahlung wie das Licht als einen Strom von diskreten Teilchen betrachten, den Photonen. Das sind die kleinsten Einheiten der Strahlung. Man bezeichnet sie auch als Quanten, woraus sich der Name Quantentheorie erklärt. Je kürzer die Wellenlänge ist, umso mehr Energie besitzen die Photonen. Während die von der heißen Sonne kommenden Photonen energiereich sind, haben die von der vergleichsweise kalten Erde ausgehenden infraroten Photonen weniger Energie. Photonen mit sehr viel Energie können ziemlich zerstörerisch sein. Sie spalten sogar Moleküle. Die relativ energieschwachen Photonen der irdischen Infrarotstrahlung dagegen regen Moleküle zu Bewegungen an, etwa zum stärkeren Vibrieren oder schnelleren Rotieren. Dadurch sind die Moleküle imstande, Strahlung zu absorbieren.

Ein Gasmolekül „mag“ allerdings nicht jedes beliebige Photon, weil auch das Vibrieren und Rotieren nur mit bestimmten Raten erfolgen kann. Die möglichen Bewegungszustände eines Moleküls oder eines Atoms sind ebenfalls gequantelt. Daraus folgt, dass ein Gas nur die Photonen absorbieren kann, die das entsprechende Molekül von einem Zustand zum nächsten bringen kann, oder ein Elektron von einer Bahn um den Kern zur nächsten. Gase absorbieren deswegen nur Strahlung bestimmter Wellenlängen. Je komplizierter ein Molekül aufgebaut ist, umso mehr relevante Bewegungen kann es ausführen und umso mehr kann es mit verschiedenen Photonen und damit Strahlung verschiedener Wellenlängen in Wechselwirkung treten.

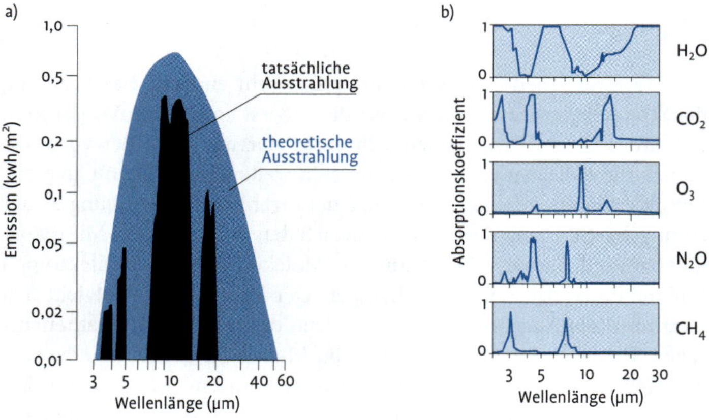

Abb. 4: (a) Theoretische Ausstrahlung (Emission) der Erdoberfläche ohne den Treibhauseffekt (blaue Fläche) und tatsächliche Ausstrahlung aufgrund der Wirkung der Treibhausgase in Abhängigkeit der Wellenlänge (µm). (b) Wellenlängenbereiche (µm), in denen einige Treibhausgase Strahlung absorbieren. Der Absorptionskoeffizient gibt die Stärke der Absorption an. Der Wert 1 entspricht einer vollständigen Absorption. Quelle: Hamburger Bildungsserver.

Man kann die von der Erde ausgehende Strahlung mit Satelliten messen und ein Emissionsspektrum erstellen. Eigentlich würde man entsprechend der Planck-Funktion erwarten, dass wir ein glattes Spektrum messen. Das ist nicht der Fall, weil eben bestimmte Spurengase bei bestimmten Wellenlängen die irdische Infrarotstrahlung absorbieren. Es handelt sich in der Tat um ein ziemlich ausgefranstes Spektrum (Abb. 4a), dass wir vom Weltraum aus „sehen". Die Gase absorbieren in breiten Spektralbereichen oder auch selektiv bei bestimmten Wellenlängen. Der Wasserdampf (H_2O) besitzt eine kontinuierliche Absorption im Infraroten, wobei er die Strahlung bei den sehr langen Wellen komplett absorbiert. Das Kohlendioxid (CO_2) absorbiert die Infrarotstrahlung in einem schmalen Band bei etwa15 µm (Abb. 4b). Die Absorption im vergleichsweise kurzwelligen nahen Infrarot ist im Hinblick auf den Treibhauseffekt nicht von Belang.

Befassen wir uns nun noch etwas genauer mit den theoretischen Grundlagen. Das einfachste Modell zur Erklärung der Vibrations- und Rotationsanregungen eines Moleküls ist das klassische Modell eines permanenten elektrischen Dipols im elektromagnetischen Feld. Es reicht für unsere Zwecke völlig aus. Das Dipolmoment ist ein Maß für die Fähigkeit eines Atoms oder Moleküls, elektromagnetische Strahlung zu absorbieren, oder bei fluoreszierenden Stoffen auch zu emittieren. Relativ einfache zweiatomige Moleküle besitzen keinen permanenten Dipol. Sauerstoff (O_2) ist ein zweiatomiges Molekül aus gleichen Atomen. Wenn das Molekül schwingt, sich also die Bindung streckt und staucht, entsteht kein Dipolmoment. Sauerstoff ist daher im Infraroten nicht aktiv, es ist wie man sagt IR-inaktiv. Diese Betrachtung gilt ganz allgemein für zweiatomige Moleküle bestehend aus gleichen Atomen, also auch für den Stickstoff (N_2). Das ist der Grund, warum Stickstoff und Sauerstoff nur mit den sehr energiereichen ultravioletten Strahlen in der hohen Atmosphäre wechselwirken, nicht aber mit der Infrarotstrahlung. Sie sind deswegen für den irdischen Treibhauseffekt irrelevant, obwohl sie mit zusammen 99 % die Hauptbestandteile der Erdatmosphäre bilden.

Die komplizierter aufgebauten drei- oder mehratomigen Moleküle dagegen, wie etwa Wasserdampf (H_2O), Kohlendioxid (CO_2) oder Methan (CH_4), sind flexibler und deswegen für den Strahlungshaushalt der Erde und damit für unser Klima von großer Bedeutung. Der Wasserdampf besitzt wegen seines asymmetrischen Molekülaufbaus bereits im Ruhezustand einen permanenten Dipol, woraus sich seine Rolle als wichtigstes Treibhausgas erklärt. Das symmetrische, wie eine Hantel aussehende, Kohlendioxidmolekül besitzt dagegen im Ruhezustand keinen permanenten Dipol. Eine reine Rotation des Moleküls reicht dementsprechend zur Absorption terrestrischer Strahlung nicht. Das Kohlendioxid ist trotzdem für den Treibhauseffekt immens wichtig, für den natürlichen und insbesondere den zusätzlichen vom Menschen verursachten. Es absorbiert die Photonen der irdischen Infrarotstrahlung bei etwa 15 µm als

Folge einer Rotationsschwingungsanregung. Die Absorption des Kohlendioxids bei dieser Wellenlänge basiert auf der Deformation des Moleküls. Dabei ändert sich der Winkel zwischen den beiden Sauerstoffatomen (O), die das Kohlenstoffstoffatom (C) einrahmen, sodass ein Dipol entsteht.

In der Nähe der 15 µm Absorptionslinie des Kohlendioxids befindet sich bei etwa 10 µm das Zentrum des langwelligen atmosphärischen Fensters (Abb. 4a), in dem die von der Erdoberfläche ausgehende Strahlung fast ungehindert in den Weltraum entweichen kann. Das Kohlendioxid absorbiert auch noch am Rand des Fensters (Abb. 4b), woraus sich seine besondere Bedeutung für die globale Erwärmung ergibt. Um das besser zu verstehen, müssen wir uns mit dem Phänomen der Linienverbreiterung befassen. Spektrallinien sind in der turbulenten Atmosphäre nicht mehr extrem schmal, so wie es im Labor der Fall wäre. Die Absorptionskoeffizienten zeigen ein mehr oder weniger ausgeprägtes Maximum bei einer bestimmten Wellenlänge (Abb. 4b) und fallen dann langsam zu den benachbarten Wellenlängen hin ab. Dieser Sachverhalt erklärt die Klimawirkung von Kohlendioxid, selbst wenn das Zentrum der 15 µm-Absorptionslinie bereits weitgehend gesättigt ist und keine weitere Absorption bei dieser Wellenlänge mehr möglich ist, wenn man mehr Kohlendioxid hinzufügt. Das Argument, dass ein weiterer Ausstoß von Kohlendioxid keine zusätzliche Erwärmung mehr verursachen kann, sodass es eigentlich gar kein Klimaproblem gibt, hat seinen Ursprung in der Unkenntnis des Phänomens der Linienverbreiterung. Selbst wenn bei der Wellenlänge 15 µm keine weitere Absorption stattfindet, erfolgt immer noch eine Absorption an den Flanken der Linie. Allerdings nimmt das Absorptionsvermögen mit zunehmender Entfernung vom Zentrum ab, sodass die Klimawirksamkeit von Kohlendioxid nicht mehr linear von seiner Konzentration abhängt.

Man unterscheidet drei Arten der Linienverbreiterung: Die natürliche Verbreiterung, die Doppler- und die Druckverbreiterung. Die erstere ist für die Überlegungen zum irdischen Treibhauseffekt vernachlässigbar. Der Dopplereffekt ist aus vielen Bereichen der Physik bekannt und uns beispielsweise in Form der Änderung der Tonhöhe beim Vorbeifahren eines Polizeiwagens mit eingeschaltetem Martinshorn geläufig. Die thermische Bewegung der Atome oder Moleküle während der Emission oder Absorption führt ebenfalls zu einem Dopplereffekt und zu einer Verschiebung der Absorptionslinie: Die Wellenlänge, bei der die Absorption stattfindet, ändert sich. Dieser Effekt hängt von der Temperatur ab. Der dritte Mechanismus beruht auf den druckinduzierten Kollisionen, also auf der Wechselwirkung der Moleküle untereinander. Je höher der Druck umso größer ist die Wahrscheinlichkeit eines Zusammenstoßes. Durch Kollisionen verkürzt sich die Lebensdauer der angeregten Zustände, wodurch sich die Spektrallinien ebenfalls verbreitern.

Der Druckeffekt dominiert die Linienverbreiterung in den untersten Schichten der Atmosphäre. Er ist dort um einen Faktor 100 stärker als der Dopplereffekt. Der dominiert in den größeren Höhen. Es ist die Verbreiterung der Absorptionslinien, die zusammen mit den positiven Rückkopplungen fundamental für das Verständnis des anthropogenen Treibhauseffekts sind. Die Linienverbreiterung ist es, die dafür sorgt, dass zusätzliches, vom Menschen in die Atmosphäre eingebrachtes Kohlendioxid zu einer weiteren Verstärkung des Treibhauseffekts führt. Allerdings steigt die Strahlungswirkung nur noch logarithmisch mit der Kohlendioxidkonzentration an, wie wir später anhand der Gleichung (3) sehen werden. Das heißt, dass eine Verdopplung der Kohlendioxidkonzentration unter den heutigen Bedingungen nicht die Strahlungswirkung verdoppelt und damit auch nicht die Klimawirkung. Die Erdoberflächentemperatur steigt zwar mit zunehmendem Kohlendioxidgehalt der Luft weiter, aber langsamer als die Konzentration.

Fazit

Das Argument, dass ein weiterer Kohlendioxidausstoß nicht klimawirksam ist, da das Zentrum der Kohlendioxid-Absorptionslinie bereits gesättigt ist, wird durch das Phänomen der Linienverbreiterung widerlegt. Allerdings steigt die Erdoberflächentemperatur nicht mehr linear zur ansteigenden Kohlendioxidkonzentration.

Klimasensitivität

Wenden wir uns jetzt der Temperaturänderung zu. Die Klimasensitivität oder Klimaempfindlichkeit beschreibt in einer einfachen Art und Weise, wie stark die Oberflächentemperatur der Erde auf einen externen Antrieb wie den Anstieg der atmosphärischen Treibhausgase unter Berücksichtigung der wesentlichen Rückkopplungen reagiert. Der Klimasensitivitätsparameter λ gibt quantitativ an, wie stark die zu erwartende globale Erwärmung ΔT an der Erdoberfläche durch die Wirkung einer externen Anregung in Form eines Strahlungsantriebs RF sein wird:

$$\Delta T = \lambda \cdot RF \qquad (2)$$

Der Klimasensitivitätsparameter λ spielt dabei in der Gleichung (2) die Rolle einer Proportionalitätskonstante, und man gibt ihn in °C/(Watt/m²) an. Der Strahlungsantrieb RF (engl.: radiative forcing) wird in W/m² gemessen und beschreibt eine Störung der Strahlungsbilanz (1). Diese kann einer Konzentrationsänderung eines Treibhausgases (Änderung des Parameters ε), einer Änderung der Bestrahlungsstärke der Sonne (Änderung von S) oder auch der atmosphärischen Aerosolkonzentration geschuldet sein (Änderung des Parameters α). Änderungen der Albedo durch Landnutzungsänderungen wie etwa durch Abholzung fallen ebenso hierunter.

Heute versteht man meistens unter dem Begriff „Klimasensitivität" die globale Erwärmung ΔT im Falle der Verdopplung der vorindustriellen Kohlendioxidkonzentration im Gleichgewicht, also wenn sich die atmosphärische Kohlendioxidkonzentration von 280 ppm auf 560 ppm erhöht. Dabei erreicht die Oberflächentemperatur ihr Gleichgewicht wegen der Trägheit des Klimas erst einige Jahrzehnte nach dem Erreichen der Verdopplung der atmosphärischen Kohlendioxidkonzentration. Neben Kohlendioxid tragen auch andere Gase zum anthropogenen Treibhauseffekt bei, für die jeweils eigene Klimasensitivitäten ermittelt werden können. Der Einfachheit halber wird der Beitrag der anderen Gase aber meistens als Kohlenddioxidäquivalent ausgedrückt. Beispielsweise beträgt das Kohlendioxidäquivalent für Methan (CH_4) bei der Betrachtung eines Zeithorizonts von hundert Jahren den Wert 25. Das bedeutet, dass ein Kilogramm Methan 25-mal stärker zum Treibhauseffekt beiträgt als ein Kilogramm Kohlendioxid. Dabei hängt das Kohlendioxidäquivalent sowohl vom Absorptionsverhalten des betrachteten Gases als auch von seiner Verweildauer in der Atmosphäre ab. In diesem Zusammenhang sei erwähnt, dass aus dem hohen Wert des Kohlendioxidäquivalents für Methan oft der Schluss gezogen wird, dass das Methan für die globale Erwärmung wichtiger sei als das Kohlendioxid. Dem ist nicht so, weil die absoluten Mengen an Kohlendioxid die des Methans um mehrere Zehnerpotenzen übertreffen.

Der durch den Anstieg des Kohlendioxids verursachte Strahlungsantrieb errechnet sich entsprechend einer empirischen Formel wie folgt:

$$\mathbf{RF_{CO_2} = 5{,}35 \cdot \ln(K/K_0)} \qquad \mathbf{(3)}$$

Wie bereits ausgeführt, wächst der Strahlungsantrieb nicht linear mit der Konzentration. Es ist der Logarithmus der Kohlendioxidkonzentration, der den Strahlungsantrieb in Abhängigkeit der Kohlendioxidkonzentration bestimmt. Betrachten wir zunächst den Strahlungsantrieb seit dem Beginn der Industrialisierung. Dann ist K die heutige Kohlendioxidkonzentration von etwa 390 ppm, K_0 die vorindustrielle Konzentration von 280 ppm, und RF_{CO2} beträgt knapp 1,8 W/m². Dabei hat sich der Strahlungsantrieb des Kohlendioxids allein in den Jahren von 1990 bis 2009 um etwa 35 % erhöht. Der gesamte durch die langlebigen Treibhausgase und Ozon verursachte anthropogene Antrieb beträgt 2,9 W/m². Somit gehen etwa 60 % auf das Konto des Kohlendioxids. Es ist damit das bei Weitem wichtigste Gas hinsichtlich des anthropogenen Treibhauseffekts. Der gesamte anthropogene Strahlungsantrieb in der Zeit 1750–2005 wurde vom IPCC auf etwa 1,6 W/m² beziffert, mit einer Bandbreite von 0,6–2,4 W/m², wobei der dämpfende Einfluss der Aerosole darin enthalten ist. Der Netto-Strahlungsantrieb ist offensichtlich positiv: Der Mensch verursacht somit eine globale Erwärmung. Eine Verdopplung der vorindustriellen Kohlendioxidkonzentration mit K = 560 ppm entspräche nach Gleichung (3) einem Strahlungsantrieb von 3,7 W/m². Ein weiterer Anstieg der anderen langlebigen Treibhausgase wie Methan würde den Antrieb noch verstärken, der der Aerosolkonzentration dagegen schwächen.

Die genaue Kenntnis der Klimasensitivität ist für die künftige Entwicklung des Klimas von elementarer Bedeutung, da mit ihrer Hilfe die aus einem bestimmten Anstieg der Treibhausgaskonzentrationen resultierende globale Erwärmung sehr einfach abgeschätzt werden kann. Allerdings stellt das lineare Konzept der Klimasensitivität und des Strahlungsantriebes sicherlich eine grobe Vereinfachung der tatsächlichen Verhältnisse dar. Es erlaubt aber auf der anderen Seite in kompakter Art und Weise den Vergleich verschiedener Modelle, die sich in vielerlei Hinsicht voneinander unterscheiden. Die Parametrisierung der Wolken beispielsweise ist einer der Hauptgründe dafür. Außerdem kann man mit dem Konzept des Strahlungsantriebes die verschiedenen Einflussfaktoren auf das Klima miteinander vergleichen. So kann man den Einfluss der seit Beginn der Industrialisierung ebenfalls angestiegenen Solarkonstante dem der Treibhausgaskonzentrationen gegenüberstellen. Der Antrieb durch die Sonne von etwa 0,1 W/m² ist dabei um über eine Größenordnung kleiner als der durch das Kohlendioxid und nochmals deutlich kleiner als der summarische Effekt aller langlebigen Treibhausgase.

Arrhenius berechnete ursprünglich eine Klimasensitivität von 5–6 °C, spekulierte aber schon in der Originalarbeit aus dem Jahr 1896, dass sie etwas überschätzt kein könnte. Eine der ersten modernen

Schätzungen für die Klimasensitivität lieferte der von der amerikanischen National Academy of Sciences herausgegebene Bericht des Climate Research Board unter der Leitung von Jules Charney aus dem Jahr 1979. Auf der Basis von nur zwei Klimamodellen errechnete man einen Bereich von 1,5–4,5 °C. Das IPCC gibt in seinem letzten im Jahr 2007 erschienenen vierten Sachstandbericht Werte von 2–4,5 °C als „wahrscheinlich" für die Klimasensitivität an. Der beste Schätzwert liegt bei 3 °C, und eine Sensitivität von unter 1,5 °C ist „sehr unwahrscheinlich". Dabei bedeutet „wahrscheinlich" im Sprachgebrauch des IPCC eine Wahrscheinlichkeit von mehr als 66 % und „sehr unwahrscheinlich" eine Wahrscheinlichkeit kleiner als 10 %. Eine Verdopplung der vorindustriellen Kohlendioxidkonzentration führt demnach unter Annahme des besten Schätzwerts für die Klimasensitivität zu einer globalen Erwärmung von 3 °C.

Fazit

Nach dem heutigen Stand der Forschung müssen wir damit rechnen, dass sich die Erde bei weiter steigenden atmosphärischen Treibhausgaskonzentrationen stark erwärmen wird, und das mit einer Rate, die die natürliche Änderungsrate bei weitem übersteigt. Darüber besteht ein großer Konsens in der internationalen Klimaforschung.

Weiterführende Literatur

Arrhenius, S. (1896), On the influence of carbonic acid in the air upon the temperature of the ground. The London, Edinburgh and Dublin Philosophical Magazine and Journal of Science 5, 237–276.

Bakan, S. und E. Raschke (2002), Der natürliche Treibhauseffekt. Promet, Heft 3 / 4, 2002, 85–94.

Charney, J., Chairman, Climate Research Board (1979), Carbon Dioxide and Climate: A Scientific Assessment. Washington, D.C.: NAS Press.

Möller, F. (1973), Geschichte der meteorologischen Strahlungsforschung. Promet, Heft 2, 1973, 1–22.

4

Blick in die Vergangenheit

Würde das Klima nicht von Haus aus schwanken, wäre die Erkennung der durch den Menschen hervorgerufenen globalen Erwärmung trivial. Die Existenz der natürlichen Schwankungen erschwert den Nachweis der anthropogenen Klimaänderung. Das Klima der Erde hat in der Vergangenheit eine Vielzahl von Änderungen gezeigt, ohne dass der Mensch dafür verantwortlich gewesen wäre.

Noch vor 20 000 Jahren während des Höhepunkts der letzten Eiszeit (Glazial) waren große Teile Nordeuropas unter einem kilometerdicken Eispanzer begraben. Alle Anzeichen sprechen zwar dafür, dass die Erwärmungsrate der letzten Jahrzehnte außergewöhnlich in der Rückschau der letzten Jahrtausende ist, und allein aus diesem Grund ist es plausibel anzunehmen, dass sie zumindest zu einem Teil anthropogenen Ursprungs ist. Wir müssen aber trotzdem nachweisen, dass die globale Erwärmung der letzten Jahrzehnte eine signifikante menschengemachte Komponente besitzt.

Es stellt sich darüber hinaus die Frage, ob es in der fernen Vergangenheit ein Analogon für die zu erwartende globale Erwärmung und deren Auswirkungen gegeben hat. Wenn wir nur das Kohlendioxid betrachten, muss man bis ins Eozän zurückblicken, um Konzentrationen von 1 000 ppm und mehr zu finden, Werte die im schlimmsten Fall bis zum Ende des Jahrhunderts erreicht werden würden. Das Eozän begann vor etwa 56 Millionen Jahren und endete vor etwa 34 Millionen Jahren. Die Erde war zu dieser Zeit eine eisfreie. Die globale Durchschnittstemperatur lag bei etwa 18 °C gegenüber ungefähr 15 °C heute. Die Arktis wies sehr hohe Oberflächentemperaturen auf, was einen verringerten Temperaturgegensatz zwischen dem Äquator und den Polen zur Folge hatte. Der Meeresspiegel war im Vergleich zum derzeitigen etwa siebzig Meter höher, eine Intensivierung des Wasserkreislaufs, eine Zunahme der Wasserdampfzufuhr in die hohen Breiten wie auch ein geringerer Salzgehalt der Meere sind nachgewiesen.

Auf diese ohnehin sehr warme Erde überlagerte sich vor gut 50 Millionen Jahren ein zusätzlicher Temperaturanstieg, das etwa 200 000 Jahre lange Paläozän / Eozän-Temperaturmaximum (PETM). Für die niedrigen und mittleren Breiten sind ein Temperaturanstieg der Oberfläche und des Ozeantiefenwassers um etwa 4–8 °C, eine schnelle Versauerung der Meere sowie umfassende Veränderungen der terrestrischen und marinen Biosphäre gut dokumentiert. Die Ursache für den relativ schnellen Anstieg der Temperatur während des Eozäns ist bis heute umstritten. Plausibel erscheint ein plötzlicher Anstieg der Kohlendioxidkonzentration infolge geologischer Vorgänge. Viele paläoklimatische Forschungen konzentrieren sich auf das PETM, um bessere Einblicke in ein in der Zukunft mögliches „Supertreibhausklima" zu bekommen. Die Frage, ob das PETM als Analogon für die ins Haus stehende globale Erwärmung von möglicherweise mehreren Grad bis zum Ende des Jahrhunderts angesehen werden kann, muss man allerdings mit einem klaren „Nein" beantworten. Denn die Rate des gegenwärtigen Kohlendioxidanstiegs ist mindestens zehnmal schneller als während des PETM. Roger Revelle hatte also recht, als er bereits vor über einem halben Jahrhundert darauf hinwies, dass wir ein einzigartiges Experiment mit unserem Planeten anstellen würden.

Die gegenwärtige Warmzeit

Wir leben heute in einer Warmzeit, dem Holozän. Es begann vor etwas mehr als 11 500 Jahren. Das Holozän ist eine Periode einer außergewöhnlichen Stabilität des Klimas, im Vergleich zum vorangegangenen eiszeitlichem Klima. Das belegen beispielsweise Sauerstoffisotopenmessungen aus dem grönländischen Eis. Während das Klima im letzten Glazial sehr starke und schnelle Klimawechsel aufwies, war und ist das Holozän erstaunlich schwankungsarm. Diese Beständigkeit hat besonders günstige Bedingungen für die Entwicklung der Menschheit geschaffen. Wissenschaftler haben die Temperatur und den Niederschlag während der letzten Jahrtausende in verschiedenen Regionen der Erde rekonstruiert, durch Eisbohrungen in Grönland oder der Antarktis, durch die Analyse von Sedimenten, anhand von Baumringen oder mit anderen Methoden. Damit haben sie eine quantitative Datenbasis geschaffen, um die Änderungen der letzten Jahrzehnte mit denen während der letzten Jahrtausende zu vergleichen. Dadurch ist es möglich, den menschlichen Einfluss auf das Klima besser zu bewerten.

Obwohl das Klima des Holozäns auf der globalen Skala relativ stabil gewesen ist, finden sich dennoch zahlreiche markante regionale Klimaänderungen. So war die Sahara noch vor einigen tausend Jahren „grün" und Heimat zahlreicher Säugetiere. Prähistorische Funde zeigen, dass die Sahara damals in der südlichen Hälfte überwiegend eine Baum-, im nördlichen Teil eine Grassavanne war. Im Süden bevölkerten zahlreiche Fischarten die Gewässer. Das ist durch Höhlenzeichnungen belegt. Das Klima war damals zumindest auf der Nordhalbkugel in vielen Regionen wärmer als heute und insbesondere in Nordafrika deutlich regenreicher. Der Grund lag in einer stärkeren Sonneneinstrahlung auf der Nordhalbkugel und einem wärmeren Kontinent, der einen stärkeren westafrikanischen Sommermonsun und somit höhere Niederschläge verursachte. Ob ein derartiges Szenarium auch auf das anthropogene Treibhauszeitalter anwendbar ist, bleibt in der Wissenschaft bis heute umstritten. Die Modelle zeigen recht unterschiedliche Reaktionen auf erhöhte Treibhausgaskonzentrationen, gerade auf der regionalen Skala und insbesondere hinsichtlich der Niederschläge.

Das Klima des letzten Jahrtausends ist recht gut dokumentiert. Die wohl in der Öffentlichkeit bekannteste Rekonstruktion ist die Mann-Kurve oder auch „Hockeyschläger" (engl.: hockey stick) genannt, benannt nach dem Amerikaner Michael E. Mann, einem Paläoklimaforscher. Sie zeigt die aus Proxydaten gewonnene und über die Nordhalbkugel gemittelte oberflächennahe Temperatur während des letzten Jahrtausends (Abb. 5).

Es handelt sich bei der Mann-Kurve um eine Multiproxy-Rekonstruktion. Das bedeutet, dass man verschiedene Proxys an vielen Orten genutzt hat, um die mittlere Temperatur der nördlichen Hemisphäre zu berechnen. Die verwendeten Daten stammen hauptsächlich von Baumringen. Mit Hilfe der Jahresringe, die je nach Temperatur und Feuchtigkeit breiter oder schmaler ausfallen, ist eine relativ zuverlässige Bestimmung des Klimas während der Wachstumsperiode einzelner Jahre möglich. Außerdem hat man Daten aus Eisbohrungen verwendet. Dabei hat man sowohl Sauerstoffisotopenmessungen als auch Schneeakkumulationsraten genutzt. Die in der Abbildung durch die graue Schattierung dargestellte Unsicherheit in der Bestimmung der Temperatur ist allerdings recht groß.

Die Art und Weise der Rekonstruktion von Mann und Kollegen gab allerdings Anlass zu berechtigter wissenschaftlicher Kritik. Inzwischen gibt es auch Rekonstruktionen mit Hilfe anderen Methoden und Proxys. Hier ist aber trotzdem nur die Mann-Kurve gezeigt, die erste veröffent-

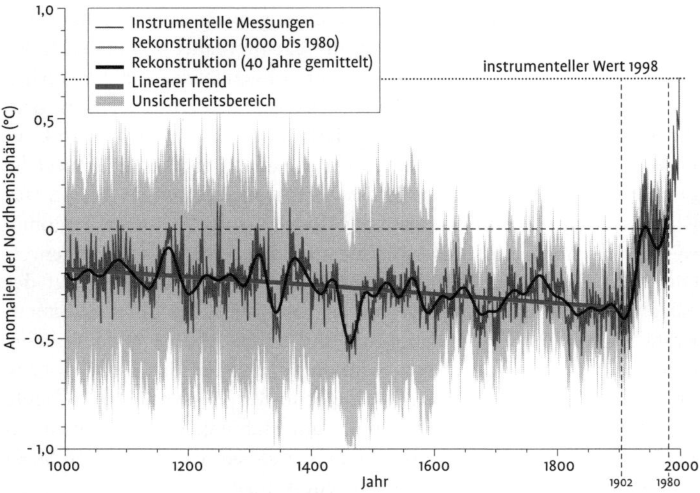

Abb. 5: Die oberflächennahe Temperatur der nördlichen Hemisphäre während des letzten Jahrtausends. Die dünne Linie zeigt die Jahreswerte, die dicke Kurve die mit einem 40-Jahrestiefpassfilter geglätteten Werte, die blaue Gerade den linearen Trend in der Zeit 1000–1900 und die dünne blaue Linie die instrumentellen Messungen. Die graue Schattierung gibt den Unsicherheitsbereich an. Nach IPCC 2001 und Mann et al. 1999.

lichte Rekonstruktion der nordhemisphärischen Temperatur. Sie hat zwar sowohl in der Wissenschaft als auch in der Öffentlichkeit zu einer ausgiebigen Diskussion über die Verlässlichkeit von Rekonstruktionen dieser Art geführt. Die fundamentalen Schlussfolgerungen allerdings, die Mann und seine Kollegen vor gut einem Jahrzehnt gezogen haben, werden im Wesentlichen von allen Rekonstruktionen bestätigt: Die Erwärmung der Nordhalbkugel während des 20. Jahrhunderts ist außergewöhnlich für das letzte Jahrtausend. Weiterhin zeigen alle Rekonstruktionen, dass sich das Temperaturminimum in der Mitte des letzten Jahrtausends während der kleinen Eiszeit befindet. Allerdings ist die genaue Zeit des Minimums mit großer Unsicherheit behaftet. Deutlich wärmere Temperaturen existierten nach allen Rekonstruktionen im Mittelalter während der mittelalterlichen Warmzeit. Die wärmsten Temperaturen im hemisphärischen Mittel herrschten jedoch während der letzten Jahrzehnte.

Neuere Rekonstruktionen unter Einbeziehung tropischer Korallen und von Meeressedimentkernen zeigen darüber hinaus, dass sowohl die mittelalterliche Warmzeit als auch die kleine Eiszeit einen eher regionalen Charakter besaßen und es sehr große räumliche Temperaturunterschiede gegeben hat, wobei selbst das Vorzeichen der Änderung von Region zu Region variiert. Es hat sich bei den beiden Ereignissen nicht um globale Änderungen gehandelt. So waren große Teile der Erde während der mittelalterlichen Warmzeit deutlich kälter als heute, weswegen die damalige Durchschnittstemperatur der Nordhemisphäre unter der heutigen gelegen haben dürfte. Selbst wenn man die maximale Unsicherheit der Rekonstruktionen ausschöpft, lässt sich diese These aufrechterhalten. Die Temperaturentwicklung auf der Nordhalbkugel während der letzten Jahrzehnte ist offenbar außergewöhnlich im Lichte der letzten tausend Jahre und das in Ausmaß, Geschwindigkeit und hinsichtlich ihres globalen Charakters.

Fazit

Klimarekonstruktionen für die letzten Jahrtausende sprechen dafür, dass man die gegenwärtige Klimaentwicklung nicht mehr allein durch natürliche Einflüsse erklären kann. Damit scheint der Mensch auf der globalen Skala zu einem wichtigen Klimafaktor geworden zu sein. Das rechtfertigt die Einführung des Anthropozäns als neues Erdzeitalter.

Klima und Zivilisation

Eine ungebremste globale Erwärmung wird die Menschheit in vielerlei Hinsicht betreffen. Klimaschwankungen haben seit jeher menschliche Zivilisationen in erheblichem Maße beeinflusst. So verlaufen Klimaänderungen wie die mittelalterliche Warmzeit und die kleine Eiszeit und große historische Ereignisse in vielen Regionen der Erde parallel. Das weiß man für Mitteleuropa aus schriftlichen Aufzeichnungen und der Rekonstruktion seiner Klimageschichte für die letzten 2 500 Jahre mit Hilfe von Baumringen. Man hat jüngst die Jahresringe von rund 9 000 subfossilen und archäologisch-historischen Hölzern sowie von lebenden Bäumen aus Deutschland, Frankreich, Italien und Österreich analysiert. Dabei hat man die instrumentellen Messungen an verschiedenen Klimastationen genutzt, um das Baumwachstum in Bezug auf die Temperatur- und Niederschlagsschwankungen zu eichen. Das ermöglichte schließlich einen relativ verlässlichen Blick in die Vergangenheit. So konnten selbst Ereignisse einzelner Jahre mit einer Klimaänderung in Verbindung gebracht werden.

Das Sommerklima in Mitteleuropa war während der Römerzeit vor etwa 2 000 Jahren überwiegend feucht und warm und vergleichsweise stabil. Ab dem Jahr 250 wurde es erheblich kälter und auch wechselhafter. Das könnte eine Ursache für den Zerfall des Weströmischen Reiches gewesen sein. Diese unbeständige Phase dauerte über 300 Jahre und war wahrscheinlich auch für die Völkerwanderung mitverantwortlich. Steigende Temperaturen und Niederschläge im 7. Jahrhundert führten zu der mittelalterlichen Warmzeit, die in etwa von 950 bis 1300 dauerte. Sie war eine Phase des kulturellen Aufstiegs. Die Besiedelung Grönlands durch die Wikinger vor gut tausend Jahren ist vermutlich den milden Bedingungen während der mittelalterlichen Warmzeit geschuldet. Genauso könnte eine außergewöhnliche Kälteperiode während des Dreißigjährigen Krieges im 17. Jahrhundert die während der kleinen Eiszeit ohnehin verbreiteten Hungersnöte noch verstärkt haben. Wichtig im Hinblick auf die globale Erwärmung ist der Sachverhalt, dass die Sommer in Mitteleuropa während der letzten Jahrzehnte im Kontext der letzten 2 500 Jahre als außergewöhnlich warm erscheinen und somit einen anthropogenen Einfluss vermuten lassen, so wie es auch die Mann-Kurve nahelegt.

Ähnliche Studien existieren auch für die Tropen, und diese legen ebenfalls einen Zusammenhang zwischen Klimaänderungen und dem Schicksal von Zivilisationen nahe. Die Stalagmiten in Tropfsteinhöhlen sind wie die Baumringe wichtige Klimaarchive. Ein Stalagmit bildet sich, wenn Wasser auf den Höhlenboden tropft und sich Calciumcarbonat ($CaCO_3$) abscheidet. An den Wachstumsringen des Stalagmiten kann man durch die Bestimmung von Sauerstoff- und Kohlenstoffisotopen im Kalk ablesen, welche Jahre besonders regenreich und welche sehr trocken waren. Einige in China entdeckte Tropfsteine wuchsen sehr schnell, sodass sich beinahe für jedes Jahr Klimainformationen ermitteln lassen. Es gibt Archive, die für die Rekonstruktion der Stärke des dortigen Sommermonsuns geeignet sind und sogar bis zu 2 000 Jahre zurückreichen. Es lässt sich interessanterweise außerdem ein Zusammenhang mit der Temperatur der Nordhalbkugel erkennen: Hohe Temperaturen gingen mit einem starken Monsun einher und umgekehrt.

Auch die aus den Tropen stammenden Klimarekonstruktionen zeigen eine erstaunliche Parallelität mit historischen Ereignissen: Drei der fünf großen Dynastien in China gingen nach mehreren von schwächeren Sommermonsunen geprägten Jahrzehnten durch Aufstände zu Ende. So gab es eine Phase eines recht schwachen Monsuns mit wenig Regen in den Jahren 1580–1640. Kurz darauf, im Jahre 1644 endete die fast 300 Jahre währende Herrschaft der Ming-Dynastie. Im Gegensatz dazu brachten die starken Monsunregen zuvor während der nördlichen Song-Dynastie in der Zeit von 960 bis 1126 reiche Ernteerträge, Bevölkerungswachstum und soziale Stabilität. Unabhängige Daten aus Sedimentkernen vor der Küste Chinas bestätigen qualitativ die langperiodischen Schwankungen des Monsuns. Es könnte darüber hinaus einen Zusammenhang zwischen den verschiedenen Monsunsystemen auf der Erde zu geben, wodurch sich sogar zeitgleiche Änderungen der Herrschaftsverhältnisse auf den verschiedenen Kontinenten erklären lassen könnten. In China kam es beispielsweise während des 9. Jahrhunderts zu dem Untergang der Tang-Dynastie auf der einen Seite des Pazifiks und der Maya in Mittelamerika auf der anderen Seite des Pazifiks.

Fazit

Der Blick in die Vergangenheit zeigt, wie anfällig menschliche Zivilisationen gegenüber Klimaänderungen sind. Geschichtliche Entwicklungen waren oftmals durch Klimaänderungen beeinflusst. Wir stehen erst am Anfang der globalen Erwärmung. Eine Erwärmung um mehrere Grad Celsius im weltweiten Durchschnitt ist noch in diesem Jahrhundert denkbar. Das wäre ein Vielfaches der bisherigen anthropogenen Erwärmung von weniger als einem Grad Celsius. Ein derart schneller Temperaturanstieg würde die menschliche Zivilisation vermutlich vor große Herausforderungen stellen.

Weiterführende Literatur

Büntgen, U., et al. (2011), 2500 Years of European Climate Variability and Human Susceptibility. Science, DOI: 10.1126/science.1197175.

Haug, G., et al. (2003), Climate and the Collapse of Maya Civilization. Science 299, 1731–1735.

IPCC (2001), Climate Change 2001: The Scientific Basis. Contribution of Working Group I to the Third Assessment Report of the Intergovernmental Panel on Climate Change. Cambridge University Press.

Mann, M. E., et al. (1998), Global-Scale Temperature Patterns and Climate Forcing Over the Past Six Centuries. Nature, 392, 779–787.

Mann, M. E., et al. (2009), Global Signatures and Dynamical Origins of the Little Ice Age and Medieval Climate Anomaly. Science, 326, 1256–1260, DOI: 10.1126/science.1177303.

Yancheva, G., et al. (2007), Influence of the intertropical convergence zone on the East Asian monsoon. Nature, 445, 74–77, doi:10.1038/nature0543.

5

Das Klima schwankt

Obwohl das Klima auch in der Vergangenheit den Menschen so manche Überraschung beschert hat, sind die Anzeichen für eine durch uns Menschen verursachte Erwärmung offensichtlich. Das Jahrzehnt 2000–2009 war im weltweiten Durchschnitt das bisher wärmste seit die flächendeckenden instrumentellen Messungen im Jahr 1850 begonnen haben. Außerdem ist seit den 1950iger Jahren jedes Jahrzehnt wärmer als das vorangehende gewesen, was einen robusten Erwärmungstrend erkennen lässt. Aber der Trend besitzt wahrscheinlich einen nicht zu vernachlässigen natürlichen Anteil. Das ist auch zu erwarten, denn eine dem Klima innewohnende Eigenschaft ist seine große Schwankungsbreite. Im Folgenden wollen wir uns mit einigen Ursachen für die natürlichen Schwankungen befassen. Dabei spielen die trägen Komponenten des Erdsystems eine wichtige Rolle, allen voran die Meere.

Das Klima ist nicht monokausal, woraus sich seine irreguläre Entwicklung in der Vergangenheit erklärt. In der Zukunft wird es deswegen ein Miteinander von natürlichen Klimaschwankungen und voranschreitender anthropogener Erwärmung geben. Vor diesem Hintergrund verwundert es nicht, dass es nach der Analyse HadCRU3, publiziert vom Britischen Wetterdienst, seit 1998 keinen Temperaturrekord hinsichtlich der über das Jahr gemittelten globalen Durchschnittstemperatur gegeben hat und das Klima eine Atempause durchläuft. Die oftmals zyklischen natürlichen Klimaschwankungen können den von uns Menschen hervorgerufenen Erwärmungstrend bremsen oder beschleunigen. Die Irregularität spricht nicht gegen die vom Menschen verursachte globale Erwärmung, sondern ist nichts anderes als Ausdruck der natürlichen Klimavariabilität. Weil außerdem die bisherige Erwärmung relativ gering ist, können wir auch nicht erwarten, dass bereits an jedem Ort der Erde Rekordtemperaturen herrschen. Die Herausforderung besteht darin, das Signal frühzeitig vom Rauschen zu trennen und den menschlichen Einfluss vor dem Hintergrund der natürlichen Klimaänderungen zu identifizieren, bevor er so stark geworden ist, dass die Aufgabe trivial wird. Das gelingt umso besser, je besser man die Dynamik der natürlichen Schwankungen versteht.

Neben den zeitlichen Schwankungen existieren ebenfalls große räumliche Unterschiede in der Klimaentwicklung. Sie verläuft nicht überall gleich. Und auch hier spielen die natürlichen Schwankungen eine wichtige Rolle. Der Meeresspiegel beispielsweise ist während der letzten Jahrzehnte im weltweiten Durchschnitt signifikant gestiegen, mit einer mittleren Rate von etwa 2 mm / Jahr zwischen 1950 und 2010. Der Anstieg ist eine Folge der globalen Erwärmung. Man kann zudem eine gewisse Beschleunigung während der letzten zwanzig Jahre messen, die eine Rate von etwa 3 mm / Jahr zeigten. Der globale Mittelwert ist allerdings nicht repräsentativ für alle Meeresgebiete. Er spiegelt in keiner Weise die Änderungen an allen Küsten wieder. Satellitenmessungen belegen, dass der Meeresspiegel im westlichen tropischen Pazifik seit Beginn der 1990iger Jahre deutlich schneller als im globalen Mittel gestiegen, im östlichen Teil dagegen sogar leicht gefallen ist. Der räumlich inhomogene Trend wird von Pegeln im östlichen Australien und westlichen Südamerika bestätigt. Der Grund für die unterschiedliche Entwicklung des Meeresspiegels auf den beiden Seiten des Pazifiks ist eine Zunahme der Passatwinde. Diese hat warme Wassermassen im Westen aufgestaut und im Osten zu einem Wärmedefizit geführt, was sich in den entsprechenden Änderungen des Meeresspiegels äußert.

Man geht heute davon aus, dass es sich bei der unterschiedlichen Entwicklung des Meeresspiegels im Pazifik um einen natürlichen Vorgang handelt, der den allmählichen vom Menschen verursachten Anstieg überlagert. Die vermutliche Ursache ist eine beckenweite dekadische Schwankung des atmosphärischen Druckfeldes, die zwar ihren Ursprung im Nordpazifik im Bereich des Aleuten-Tiefs hat, aber auch die Passatwinde längs des äquatorialen Pazifiks beeinflusst. Im Moment sind die Passatwinde längs des Äquators außergewöhnlich stark. Käme das Phänomen in seine umgekehrte Phase, dürften sich die Winde wieder abschwächen. Dadurch würde sich der Meeresspiegelanstieg im Westen wieder verlangsamen und im Osten beschleunigen. Die Luftdruckänderungen über dem Nordpazifik besitzen eine zyklische Komponente, die mit den langsamen Schwankungen der Ozeanzirkulation in dieser Region in Zusammenhang steht. Danach würden die momentanen Tendenzen noch über einige Jahre andauern. Ob es tatsächlich in den kommenden Jahren so sein wird, wissen wir allerdings nicht, weil der Luftdruck außerdem eine relativ große chaotische und damit unvorhersehbare Komponente besitzt. Auf jeden Fall müssen wir die Entwicklung des Aleuten-Tiefs im Auge behalten, wenn wir die regionalen Änderungen des Meeresspiegelanstiegs im Pazifik bewerten möchten.

Der Fingerabdruck des Menschen

Wie die natürlichen Klimaschwankungen werden auch die Änderungen infolge des anthropogenen Einflusses durch markante regionale Unterschiede gekennzeichnet sein, da die Reaktion des Klimas auf den Anstieg der atmosphärischen Treibhausgaskonzentrationen wegen der von Region zu Region unterschiedlichen Rückkopplungen recht verschieden ausfallen kann. Allerdings unterscheiden sich die Muster der natürlichen Klimaschwankungen nicht notwendigerweise von denen der anthropogenen Klimaänderung. Einige Modelle beispielsweise simulieren, dass sich langfristig das äquatoriale Windsystem im Pazifik infolge der menschlichen Störung verstärkt, weil sich der Ostpazifik weniger stark erwärmt als der Westpazifik. Der Luftdruckgegensatz längs des Äquators verstärkt sich in diesem Fall und die Passatwinde werden stärker. Aber auch der umgekehrte Fall mit schwächeren Passaten wäre denkbar. Beide Situationen sind auch infolge natürlicher Schwankungen möglich, wie wir aus Messungen wissen. Diese Diskussion verdeutlicht das Dilemma, wenn man Variationen interpretieren möchte, seien sie zeitlich oder räumlich. Die Fluktuationen können eine natürliche oder anthropogene Ursache haben oder einer Überlagerung beider Faktoren entspringen.

Trotzdem kann man die zeitlichen und räumlichen Besonderheiten der Klimaentwicklung seit Beginn der Industrialisierung nutzen, um den menschlichen Einfluss besser von den natürlichen Einflüssen zu trennen. Es gibt Fingerabdrücke des Menschen, die an dieser Stelle kurz Erwähnung finden sollen, bevor wir uns dann der Dynamik der natürlichen Klimaschwankungen zuwenden. Da wäre zunächst der langfristige und zugleich globale Charakter der Erwärmung. Viele natürliche Schwankungen sind kurzfristiger Natur oder ändern den globalen Mittelwert nur wenig. Die vom System selbst erzeugten Schwankungen der Meeresströmungen beispielsweise besitzen zwar Auswirkungen auf den globalen Mittelwert der Temperatur oder des Meeresspiegels, aber nach allem was wir wissen, ist ihr Einfluss im weltweiten Durchschnitt wesentlich schwächer als der des Anstiegs der Treibhausgase. Auch Vulkane ändern die Durchschnittstemperatur der Erde, sie wirken jedoch nur kurzfristig über einige wenige Jahre. Außerdem wirken sie kühlend. Der Kohlendioxidausstoß durch Vulkane, der die Erdoberfläche prinzipiell wärmen würde, ist typischerweise um einen Faktor 100 kleiner als der gegenwärtige anthropogene und spielt deswegen keine Rolle.

Die Sonnenstrahlung unterliegt zwar langfristigen Schwankungen und besitzt auch globale Auswirkungen auf die Temperatur, sie zeigt jedoch keinen kontinuierlichen Anstieg während des 20. Jahrhunderts. In der Tat gibt es im Mittel der letzten fünfzig Jahre überhaupt keine Zunahme der Solarkonstante, während der letzten zwanzig Jahre misst man sogar eine leichte Abnahme.

Nur der sehr gut dokumentierte allmähliche und auf den Menschen zurückgehende Anstieg der Treibhauskonzentrationen (siehe Abb. 1) vermag die allmähliche globale Erwärmung zu erklären, so wie wir sie seit Beginn der Industrialisierung gemessen haben. Das ist in gewisser Weise der zeitliche Fingerabdruck des Menschen.

Die bereits behandelte zeitgleiche Erwärmung der Erdoberfläche und Abkühlung der Stratosphäre während der letzten Jahrzehnte ist ein Fingerabdruck des Menschen, der die räumlichen Unterschiede in der gemessen Temperaturänderung berücksichtigt. Eine höhere Solarkonstante hätte diese Auswirkung nicht: Die Temperatur würde sowohl in der Troposphäre als auch der Stratosphäre steigen. Eine umfassende Betrachtung der gesamten raumzeitlichen Struktur der beobachteten Klimaänderung ist auf jeden Fall angezeigt, um den Einfluss des Menschen auf das Klima von den natürlichen Schwankungen zu trennen. Entsprechende statistische Verfahren liefern eindeutige Ergebnisse hinsichtlich der Klimabeeinflussung durch den Menschen.

Fazit

Die globale Erwärmung ist zu mehr als 50% vom Menschen verursacht. Der Mensch hat als Klimamacher Fingerabdrücke hinterlassen. Es bleiben allerdings beträchtliche Unsicherheiten wie hoch der genaue Anteil des Menschen an der Erwärmung ist. Deswegen ist es wichtig, die natürlichen Schwankungen des Klimas zu kennen.

Interne Klimadynamik

Im Prinzip kann die Atmosphäre selbst wegen ihrer nichtlinearen (chaotischen) Dynamik ein breites Spektrum von Klimaänderungen erzeugen. Die Atmosphäre ist jedoch kein isoliertes System, sondern steht mit anderen trägeren Komponenten des Erdsystems in Verbindung, etwa mit den Meeren oder der Kryosphäre. Letztere ist die Eissphäre und zu ihr gehören das aus den Gebirgsgletschern, Eiskappen und den kontinentalen Eisschilden bestehende Landeis, inklusive der ins Meer ragenden Schelfeise, das in der Öffentlichkeit als Packeis bezeichnete Meereis, der Schnee und der Permafrost. Dazu kommt noch das Eis der Flüsse und Seen.

Klimaänderungen nehmen wir zwar vor allem durch die Änderung atmosphärischer Größen wahr, wie eine Änderung der Lufttemperatur oder des Niederschlags. Es ist aber vor allem die Beeinflussung der Atmosphäre durch die trägen Klimakomponenten, welche langperiodische Schwankungen des Klimas hervorrufen. Eine besondere Rolle kommt dabei den Ozeanen zu, insbesondere wenn man Zeitskalen von Jahrzehnten betrachtet, also genau der Zeitskalenbereich, auf dem sich auch der anthropogene Klimawandel entwickelt. Dieser Zusammenhang wird durch die Änderungen im Niederschlag der Sahelzone eindrucksvoll bestätigt (Abb. 3), eine Größe, die beträchtliche Schwankungen von Jahrzehnt zu Jahrzehnt während des 20. Jahrhunderts aufgewiesen hat, deren Ursache die Schwankungen der atlantischen Meerestemperatur sind.

Eine wichtige Aufgabe der Klimaforschung besteht darin, die Dynamik der natürlichen Klimaschwankungen zu verstehen und ihre Vorhersagbarkeit zu untersuchen. Man unterscheidet prinzipiell interne und externe Klimaschwankungen. Änderungen der Randbedingungen (siehe Kapitel 2) sind die Ursache externer Schwankungen. Vulkanausbrüche oder Änderungen der Solarkonstante beispielsweise beeinflussen die Strahlungsbilanz der Atmosphäre, ein wichtiger Antrieb für das Klima. Man zählt auch die anthropogenen Änderungen zu den externen Schwankungen. Im Folgenden wollen wir uns aber hauptsächlich den internen Schwankungen zuwenden. Sie sind allein der internen Dynamik des Erdsystems geschuldet. Eines äußeren Antriebs bedürfen sie nicht. Die interne Klimavariabilität entsteht also im Klimasystem selbst, entweder durch Prozesse innerhalb individueller Erdsystemkomponenten (Atmosphäre, Land, Ozean, Land- und Meereis, etc.) oder durch die Wechselwirkung verschiedener Klimakomponenten miteinander. Von besonderem Interesse sind dabei die Schwankungen, die durch die

Wechselwirkung zwischen der Atmosphäre und dem Ozean zustande kommen.

Die interne Klimavariabilität spielt in der Forschung aus verschiedenen Gründen eine sehr wichtige Rolle. Gerade die Auswirkungen der globalen Erwärmung auf der regionalen Skala sind heute oft nur schwer erkennbar, weil das möglicherweise bereits existierende anthropogene Signal klein gegen das interne Rauschen ist. Der Regen im Sahel ist auch hierfür ein gutes Beispiel. Ein klarer Trend ist während des 20. Jahrhunderts nicht erkennbar, die internen dekadischen Schwankungen dominieren. Die Diskussion über den Meeresspiegelanstieg im Pazifik ist ein weiteres Beispiel. An der Westküste Nord- und Mittelamerikas fiel der Meeresspiegel sogar während der letzten Jahre, vermutlich eine Folge interner Windschwankungen. Die interne Variabilität wird auf der anderen Seite aber auch selbst vom Klimawandel beeinflusst. Daher kommt der Projektion der Änderung der Statistik der internen Variabilität eine besondere Bedeutung zu. Es stellt sich beispielsweise die Frage, ob Schwankungen in bestimmten Zeitskalenbereichen stärker werden oder sich eher abschwächen. Diese Frage ist analog zu der, in wieweit sich die Wetterextreme ändern werden. Darüber hinaus sind die internen Klimaschwankungen interessant, um einige Rückkopplungen im Erdsystem besser zu verstehen. Und schließlich bieten die Simulation und Vorhersage der internen Klimaschwankungen einen willkommenen Test zur Überprüfung von Klimamodellen.

Die gegenwärtigen Forschungsanstrengungen gehen dahin, die Projektionen zum globalen Klimawandel dadurch zu erweitern, dass man zusätzlich versucht, die dem langfristigen anthropogenen Erwärmungstrend überlagerten kurzfristigen internen Klimaschwankungen vorherzusagen. Die Modelle werden hierfür mit dem aktuellen Klimazustand „gefüttert", sie werden initialisiert. Man schreibt also die Startwerte für die Rechnungen aus Messungen vor, zusätzlich zu dem Szenarium für die zukünftige Entwicklung der Treibhausgas- und Aerosolkonzentrationen. Dazu muss man aber zunächst die Dynamik der Schwankungen verstehen, um die wichtigsten Größen für die Initialisierung zu identifizieren. Ein Beobachtungssystem, das alle Parameter an jedem Ort und zu jeder Zeit liefert, ist illusorisch und wird es auch in der Zukunft nicht geben können. Die erfolgreiche Vorhersage der internen Schwankungen wäre aber ein großer Schritt vorwärts mit Blick auf die kurzfristige Klimavorhersage.

Zum Studium der internen Schwankungen bieten sich die instrumentellen Messungen (in situ-Daten), die Satellitenbeobachtungen, die paläoklimatischen Rekonstruktionen wie auch die Klimamodelle an. Letztere simulieren ein breites Spektrum von internen Klimaänderungen in Kontrollintegrationen mit zeitlich konstanten Randbedingungen. Die Modelle zeigen beispielsweise ausgeprägte Schwankungen auf der Zeitskala von Jahrzehnten und Jahrhunderten, die vielfach auf Vorgänge in der Tiefsee zurückzuführen sind. Die Rechnungen ermöglichen es, die Dynamik der internen Schwankungen der Ozeanzirkulation im Detail zu untersuchen, weil es keine Datenlücken gibt. Andererseits sind Modelle aber immer zu einem gewissen Grad fehlerhaft. Umso wichtiger ist es, sie anhand der wenigen instrumentellen Messungen aus den tieferen Meeresschichten und der verfügbaren Paläodaten zu überprüfen.

Fazit

Die Erforschung der internen Klimavariabilität ist unerlässlich um mögliche Signale des anthropogenen Klimawandels vom natürlichen Rauschen zu trennen. Allerdings wird die interne Klimavariabilität auch selbst vom Klimawandel beeinflusst.

Klimamoden

Die Klimamoden sind besonders prominente Formen interner Klimavariabilität. Sie werden für die Entwicklung der anthropogenen Klimaänderung sehr wichtig sein. Ein externer Antrieb wie etwa der Anstieg der atmosphärischen Treibhauskonzentrationen regt zwangsläufig die Moden an. Wir müssen uns daher eingehend mit der Dynamik der wichtigsten Moden beschäftigen, um die Antwort des Klimasystems auf die anthropogene Anregung besser zu verstehen. Gerade die regionale Ausprägung der Klimaänderung wird davon abhängen, welche Moden durch den Anstieg der Treibhausgase besonders stark stimuliert werden. Dass die Moden eine wichtige Rolle bei einer externen Anregung spielen, wissen wir aus der Vergangenheit. Sowohl die mittelalterliche Warmzeit als auch die kleine Eiszeit wiesen räumliche Strukturen auf, die man mit Hilfe der Moden interpretieren kann. Wie stark welcher Mode in der Zukunft angeregt werden wird, ist jedoch aktueller Forschungsgegenstand. Die Klimamodelle liefern diesbezüglich sehr unterschiedliche Ergebnisse.

Die große Schwankungsbreite des Klimas zeigt sich unmittelbar in den Spektren verschiedener Klimaparameter wie denen der Temperatur oder des Niederschlags. Ein Spektrum vermittelt uns einen Eindruck davon, wie stark eine bestimmte Größe auf den verschiedenen Zeitskalen schwankt. Es zeigt die Amplitude der Schwankungen in Abhängigkeit der Frequenz, wobei eine kleinere Frequenz gleichbedeutend mit einer größeren Zeitskala ist. Typische Klimaspektren sind „rot", das bedeutet die Ausschläge wachsen mit kleiner werdender Frequenz, also mit größer werdender Zeitskala (siehe Abb. 6). Als Hintergrundspektrum bezeichnet man das Spektrum eines autoregressiven Prozesses erster Ordnung, AR(1), ein einfaches Prototypmodell für die interne Klimavariabilität, dem wir uns weiter unten noch genauer zuwenden werden. Es handelt sich zwar beim Hintergrundspektrum um ein theoretisches Spektrum; es stellt in vielen Fällen trotzdem eine sehr gute Näherung des tatsächlichen Spektrums dar und beschreibt somit den Charakter der Variabilität recht gut.

Einige Maxima oder Spitzen (engl.: peaks) ragen typischerweise aus dem glatten Spektrum der Hintergrundvariabilität heraus. Sie zeigen uns, bei welcher Frequenz oder Zeitskala es eine gewisse Periodizität gibt. Manche Spitzen können als direkte Antwort des Klimasystems auf periodische externe Antriebe verstanden werden. Der Tages- oder Jahresgang der Temperatur sind zwei der bekanntesten Beispiele, die wir alle kennen. Auf den Zeitskalen von vielen Jahrtausenden sind es die Milankovic-Zyklen, die durch die periodischen Schwankungen der Orbitalparameter entstehen. Diese sind mit Änderungen der Erdbahn um die Sonne und der Neigung oder Orientierung der Erdachse verbunden und verursachen Klimavariationen mit Perioden von etwa 400 000, 100 000, 40 000 und 20 000 Jahren. Die langsamen Änderungen der Orbitalparameter sind die Taktgeber für das Entstehen und Vergehen der Eis- und Warmzeiten. Die 100 000 Jahre Periode tritt dabei in den Rekonstruktionen besonders hervor.

Die Klimamoden sind ebenfalls als Maxima in den Spektren bestimmter Klimaparameter sichtbar und zeigen damit quasi-periodische Vorgänge mit einer Ursache innerhalb des Klimasystems an. Es gibt eine Vielzahl solcher interner Klimamoden. Die Madden-Julian Oscillation (MJO) in der äquatorialen Troposphäre mit einer Periode von 30–60 Tagen, die Quasi-Biennial Oscillation (QBO) in der äquatorialen Stratosphäre mit einer Periode von 28 Monaten, El Niño / Southern Oscillation (ENSO) im äquatorialen Pazifik mit einer Periode von etwa vier Jahren und die beckenweite Atlantic Multidecadal Oscillation (AMO) mit einer Periode von 60–80 Jahren im Atlantischen Ozean sind Beispiele. Die Möglichkeit der Vorhersage des Klimas in bestimmten

Regionen und auf bestimmten Zeitskalen im Sinne der Vorhersage der ersten Art (siehe Kapitel 2) ist hauptsächlich auf die Existenz der Klimamoden zurückzuführen.

Eine tiefgehende Untersuchung der langsamen Klimamoden mit Perioden von Jahrzehnten oder länger anhand der nur etwa 150 Jahre zurückreichenden instrumentellen Messungen ist unmöglich. Ein derart kurzer Zeitraum ist schlicht für das Verständnis der längerfristigen Variabilität zu kurz. Deswegen greift man eben gerne auf Klimamodelle zurück, um die Dynamik der Klimamoden besser zu verstehen. Eine weitere Möglichkeit bietet die Paläoklimatologie. Die mittelalterliche Warmzeit oder die kleine Eiszeit sind bekannte Beispiele prominenter Klimaänderungen auf der Nordhalbkugel während des letzten Jahrtausends (siehe Kapitel 3). Für ihre Entstehung waren in erster Linie externe Antriebe verantwortlich. Neuere Studien deuten aber an, dass beide Klimaänderungen starke regionale Unterschiede aufwiesen. So waren Teile Grönlands während der mittelalterlichen Warmzeit vermutlich wärmer als heute, andere Regionen insbesondere in den Tropen dagegen kälter. Eine Schlussfolgerung daraus wäre, dass interne Klimamoden im erheblichen Maße zu dem Phänomen beigetragen haben. Grönland könnte deswegen so warm gewesen sein, weil auf der einen Seite die Sonnenstrahlung als externer Antrieb relativ stark war und gleichzeitig ein Klimamode aktiv war, der die ohnehin schon relativ warme Region noch etwas mehr erwärmte. Bevor wir uns jedoch den Klimamoden noch genauer zuwenden, sollen vorher einige Grundzüge der Theorie der internen Klimavariabilität behandelt werden.

Fazit

Klimamoden sind durch starke regionale Unterschiede gekennzeichnet, mit Anomalien unterschiedlichen Vorzeichens in verschiedenen Gegenden der Erde. Das hemisphärische oder globale Mittel der Temperatur beeinflussen sie auch, aber schwächer als die externen Antriebe. Die externen Antriebe können ihrerseits die internen Moden anregen, welche dann die regionale Ausprägung der Klimaänderung in erheblichem Maße mitbestimmen.

Stochastisches Klimamodell

Die Komponenten des Erdsystems bewegen sich mit völlig unterschiedlichen Geschwindigkeiten und haben sehr unterschiedliche Wärmeleitfähigkeiten und Wärmekapazitäten. So sind typische Windgeschwindigkeiten deutlich höher als die recht kleinen Strömungsgeschwindigkeiten im Meer. Einfache theoretische Konzepte vermögen bereits einige wesentliche Aspekte der Wechselwirkung der Klimakomponenten untereinander und der daraus entstehenden internen Klimavariabilität zu erklären. Man kann die Wechselwirkung zwischen Systemen mit recht unterschiedlichen Zeitskalen in Analogie zur Brown'schen Bewegung aus der statistischen Physik nach dem von Hasselmann im Jahr 1976 vorgeschlagenem Konzept des stochastischen Klimamodells beschreiben. Wir werden im Folgenden die Atmosphäre als Beispiel für ein schnell fluktuierendes und den Ozean für ein träges System betrachten. Nach dem stochastischen Klimamodell entstehen Anomalien der Meeresoberflächentemperatur (siehe Abb. 3) einfach durch die Aufsummierung vieler statistisch unabhängiger Einzeleinwirkungen der Atmosphäre. Diese können durch das Vorbeiziehen von Hoch- oder Tiefdruckgebieten entstehen und sich in Änderungen der Flüsse von Wärme, Impuls oder Süßwasser an der Meeresoberfläche äußern. Die langperiodischen Änderungen der Temperatur können sich schließlich wiederum auf die Atmosphäre auswirken.

Obwohl das stochastische Klimamodell in seiner allgemeinen Form nichtlineare Dynamik berücksichtigt, wird meistens nur eine sehr einfache lineare Form betrachtet. Außerdem werden wir annehmen, dass das Meer eine passive Rolle einnimmt und keine Rückwirkung auf die Atmosphäre hat. Und schließlich betrachten wir ein lokales Modell, in dem die Änderungen des Ozeans an einem bestimmten Ort nur durch den atmosphärischen Antrieb an diesem Ort verursacht werden. Es gibt also keine Kommunikation zwischen verschiedenen Orten. Das so definierte stochastische Modell lautet:

$$\frac{dT}{dt} = -\lambda T + \xi \qquad (4)$$

Das ist die klassische Form des autoregressiven Prozesses der ersten Ordnung. In der stochastischen Differentialgleichung (4), einer „Langevin Gleichung", ist T ein typischer Parameter des trägen Systems, der Klimaparameter, hier die Meerestemperatur; ξ ist der stochastische Antrieb durch das schnell fluktuierende System, also der atmosphärische Antrieb in Form der zufälligen Wetterschwankungen, und λ eine Dämpfung. Letztere sorgt dafür, dass die Ausschläge bei sehr großen Zeitskalen endlich bleiben. Ohne die Dämpfung würden die Schwankungen bei der Frequenz null unendlich groß werden.

Der stochastische Antrieb ist durch die zufälligen Schwankungen des Wärmeflusses an der Grenzfläche zwischen der Atmosphäre und dem Meer gegeben, wenn man die Meeresoberflächentemperatur als Klimaparameter betrachtet. Idealisiert man den Antrieb als „weißes Rauschen", das heißt die Schwankungsamplitude ist bei allen Frequenzen oder Zeitskalen gleich, zeigt der Klimaparameter T mit der Dynamik nach der Gleichung (4) ein rotes Spektrum, das heißt die Amplitude der Schwankungen des trägen Systems wächst mit abnehmender Frequenz oder zunehmender Zeitskala. Das erkennt man in der Abb. 3 dadurch, dass die Ausschläge der Meerestemperatur von Jahrzehnt zu Jahrzehnt stärker sind als die von Jahr zu Jahr. Das theoretische Spektrum der Variabilität flacht schließlich bei einer Frequenz ab, die durch die Dämpfung λ bestimmt ist; die Amplitude der Schwankungen wächst mit abnehmender Frequenz oder zunehmender Zeitskala nicht weiter an (Abb. 6, obere Teilabbildung).

Das Modell (4) stellt sicherlich eine sehr starke Idealisierung der tatsächlichen Verhältnisse dar. Gleichwohl ist es in der Lage, einige wesentliche Eigenschaften der internen Klimavariabilität zu beschreiben. Die Steigung des Spektrums des Klimaparameters ist nach dem einfachen Modell (4) proportional zu ω^{-2}, wobei ω die Frequenz ist (Abb. 6a). Die Spektren vieler langer Beobachtungszeitreihen der Temperatur oder des Salzgehaltes in verschiedenen Meeresregionen zeigen in den oberen Schichten tatsächlich die vorhersagte Röte mit der entsprechenden Abhängigkeit von der Frequenz und sind damit verträglich mit dem Konzept des stochastischen Klimamodells. Außerdem geht das Spektrum des Oberflächensalzgehalts typischerweise bei kleineren Frequenzen in Sättigung als das der Oberflächentemperatur, was mit der sehr viel schwächeren Dämpfung des Salzgehalts durch die Atmosphäre erklärt werden kann. Darüber hinaus bestätigen komplexe Klimamodelle ebenfalls die Anwendbarkeit des einfachen stochastischen Konzepts in vielen Meeresregionen. Das Modell (4) kann daher als eine Art Nullhypothese für die Entstehung der internen Klimavariabilität angesehen werden. Seine Dynamik erklärt das Zustandekommen des roten Hintergrundspektrums.

Auch die global gemittelte Temperatur der Erde zeigt ein rotes Spektrum. Die entsprechenden instrumentellen Messungen und Rekons-

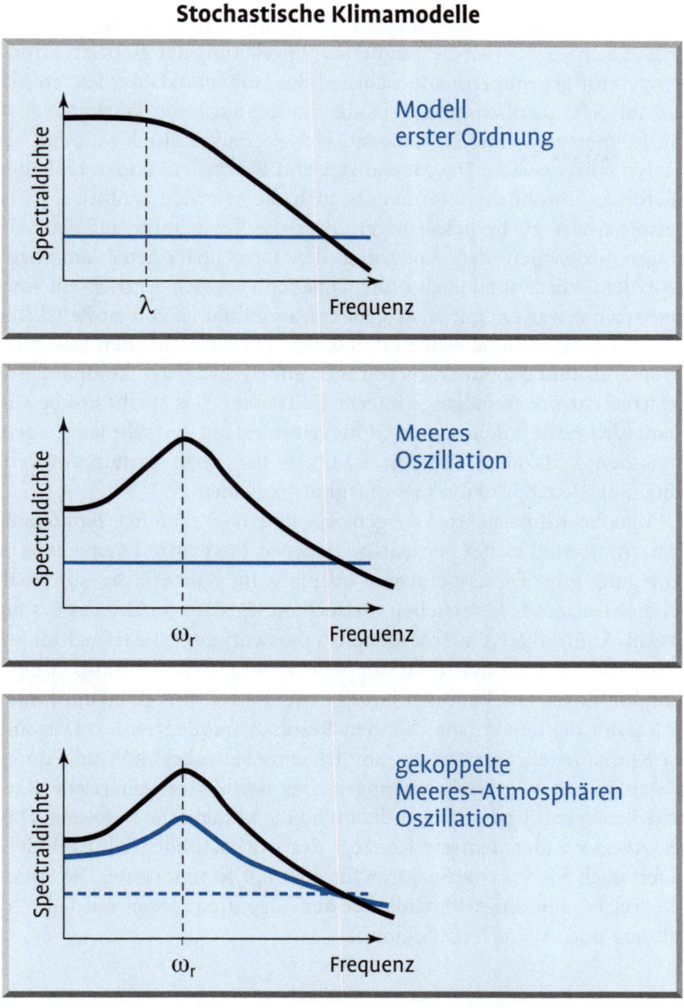

Abb. 6: Schematische Darstellung der Spektren, die sich aus dem Konzept des stochastischen Klimamodells ergeben. Oben: Das einfache Modell mit Dämpfung nach Gleichung (4). Mitte: Stochastische Anregung einer ozeanischen Eigenschwingung. Unten: Stochastische Anregung einer Eigenschwingung des gekoppelten Systems Ozean-Atmosphäre. Der atmosphärische Antrieb ist jeweils als weißes Rauschen angenommen und als blaue horizontale Linie (in der unteren Abbildung gestrichelt) gezeigt. Nach Latif et al. 2002.

truktionen belegen, dass die Ausschläge mit zunehmender Zeitskala größer werden. So war die Temperaturabweichung der globalen Mitteltemperatur gegenüber heute während des Höhepunkts der letzten Eiszeit mit 5 °C deutlich größer als die Änderungen von Jahrhundert zu Jahrhundert von einigen wenigen Zehntel Grade Celsius während des letzten Jahrtausends. Die Messungen und Rekonstruktionen enthalten allerdings sowohl die internen als auch die externen Einflüsse. Es ist beispielsweise zu berücksichtigen, dass die Temperatur auf den sehr langen Zeitskalen der Änderung der Orbitalparameter unterliegt. Trotzdem würde man auch ohne jeglichen externen Antrieb ein rotes Spektrum erwarten, mit ansteigender Variabilität bis hin zu Zeitskalen von vielen Jahrzehntausenden und länger. Die kontinentalen Eisschilde Grönlands und der Antarktis wie auch andere Erdsystemkomponenten besitzen entsprechend lange interne Zeitskalen. Das stochastische Klimamodell verliert daher seine Gültigkeit selbst auf den sehr langen geologischen Zeitskalen nicht. Es kommen nur noch weitere Antriebe hinzu, die dem Spektrum mehr Struktur verleihen.

Manche Klimaspektren zeigen wie bereits ausgeführt signifikante Spitzen, obwohl es bei den entsprechenden Frequenzen keine externe Anregung gibt. Diese kann man ebenfalls im Rahmen des stochastischen Klimamodells verstehen. Betrachten wir dazu wieder das System Ozean-Atmosphäre. Entscheidend ist, dass entweder die träge Komponente, der Ozean, oder das gekoppelte System Ozean-Atmosphäre gedämpfte Eigen-Oszillationen besitzt. Die Spitzen im Spektrum finden sich dann bei den entsprechenden Resonanzfrequenzen ω_r. Das sind die Klimamoden. Sie werden – ähnlich einer Schaukel im Wind – durch die zufälligen Wetterschwankungen, das weiße atmosphärische Rauschen, angeregt und erlangen dadurch eine klimatische Relevanz. Dieses etwas verallgemeinerte Konzept des stochastischen Klimamodells liefert nach wie vor rote Spektren für die träge Komponente. Die Spektren weisen allerdings Maxima bei den Eigenfrequenzen auf (Abb. 6, mittlere und untere Teilabbildung).

Fazit

Zur Erklärung der internen Schwankungen des Klimasystems haben wir uns eines sehr einfachen stochastischen Modells bedient. Es beschreibt bereits in seiner einfachsten Form das rote Hintergrundspektrum, dass alle Größen der trägen Klimasystemkomponenten zeigen. Die Dynamik der Meere spielt hierbei eine sehr wichtige Rolle, weil sie Klimaänderungen auf der zwischenjährlichen, dekadischen und gar Jahrhunderte-Zeitskala zu erklären vermag. Die Ozeane „integrieren" die hochfrequenten Wetterschwankungen und führen ihrerseits langperiodische Änderungen aus, die sich wiederum der Atmosphäre mitteilen können. Oftmals werden auch die Klimamoden durch das Rauschen angeregt, was sich in Form von Spitzen in den Spektren niederschlägt. Es sind in erster Linie die Klimamoden, die die Möglichkeit der Vorhersage in sich tragen.

Weiterführende Literatur

Hasselmann, K. (1976), Stochastic climate models. Part I. Theory. Tellus, 28, 473–484.

Imkeller, P., J.-S. von Storch, Eds., (2001), Stochastic Climate Models: Workshop in Chorin, Germany, 1999, Progress in Probability, Volume 49. Birkhäuser Verlag.

Latif, M., et al. (2002), On North Atlantic Interdecadal Variability: A Stochastic View. In: "Ocean Forecasting", N. Pinardi and J. Woods (Eds.), Springer Verlag, 149–178.

6 Wichtige Klimamoden

Man beobachtet häufig, dass Klimaänderungen in weit voneinander entfernten Gebieten der Erde gleichzeitig auftreten, selbst auf verschiedenen Kontinenten. So zeigen Nord- und Südeuropa häufig gegensätzliche Klimaanomalien: Ist es in Nordeuropa während eines Jahres oder eines Jahrzehnts regenreich, leidet Südeuropa unter trockenen Bedingungen. Der Grund für das synchrone Auftreten ist häufig die Anregung der internen Klimamoden mit ihren Wetteranomalien. Die räumlich begrenzten Moden können ihrerseits großräumige atmosphärische Zirkulationsmuster von hemisphärischer oder sogar globaler Skala anregen und so zu zeitgleichen und sehr unterschiedlichen Anomalien rund um den Erdball führen. Man spricht von Fernwirkungen (engl.: teleconnections). Die atmosphärischen Zirkulationsmuster können auch unabhängig von den Klimamoden in Form zufälliger Schwankungen auftreten, die dann allerdings nicht vorhersagbar sind.

Wir wollen uns mit drei Beispielen interner Klimavariabilität beschäftigen: Das El Niño / Southern Oscillation (ENSO) Phänomen, ein Klimamode mit zwischenjährlicher Periode, als Beispiel tropischer Klimavariabilität, die Nordatlantische Oszillation (NAO), ein atmosphärisches Zirkulationsmuster, als Beispiel chaotischer extratropischer Variabilität der Atmosphäre ohne eine ausgezeichnete Periode und die Atlantische Multidekadische Oszillation (AMO), ein Klimamode mit multidekadischer Periode, als Beispiel beckenweiter langperiodischer Variabilität im Meer. Alle drei Phänomene sind mit unterschiedlichen Klimaanomalien in ganz verschiedenen Gebieten der Erde verbunden.

El Niño / Southern Oscillation

Das El Niño / Southern Oscillation Phänomen, kurz ENSO, ist der stärkste interne Klimamode in den Tropen auf Zeitskalen von einigen Monaten bis zu einigen Jahren. Seine Bedeutung rührt nicht zuletzt daher, dass er über die Anregung globaler atmosphärischer Zirkulationsmuster auch einen großen Einfluss auf das Klima der Extratropen ausübt. Auswirkungen lassen sich selbst noch in den Polargebieten nachweisen. Das Phänomen besteht im Wesentlichen aus einer Oszillation, einem Hin- und Herpendeln, zwischen außergewöhnlich warmen und kalten Meerestemperaturen im Bereich des äquatorialen Ost- und Zentralpazifik (Abb. 7). ENSO beruht auf der Wechselwirkung zwischen dem Ozean und der Atmosphäre. Die ozeanische Komponente des Phänomens wird als El Niño (EN) bezeichnet. Sie ist eng an das atmosphärische Phänomen Southern Oscillation (SO) gekoppelt. Um den gekoppelten Charakter der Variabilität deutlich zu machen, spricht man heute von ENSO, während man vor einigen Jahrzehnten nur von El Niño oder Southern Oscillation allein sprach. Mit ENSO in Zusammenhang stehende Klimaanomalien können etwa sechs Monate im Voraus prognostiziert werden.

Beschäftigen wir uns zunächst mit der ozeanischen Komponente des Phänomens. Das Wort „El Niño" kommt aus dem Spanischen und bedeutet „der Junge" oder „das Christkind". Peruanische Küstenfischer verwendeten den Begriff bereits im vorletzten Jahrhundert. Die Küstengewässer sind Auftriebsgebiete, vergleichsweise kalt und nährstoffreich, was den dortigen Fischreichtum erklärt. Die Fischer wussten, dass sich alljährlich um die Weihnachtszeit herum die Küstengewässer erwärmten, was gleichzeitig auch das Ende der Fischfangsaison bedeutete. Zunächst wurde dieses jahreszeitliche Phänomen mit dem Wort „El Niño" belegt. In einigen Jahren war die Erwärmung jedoch außergewöhnlich stark, und die Fische kehrten auch nicht wie sonst üblich am Ende des Frühjahrs wieder. Außerdem kam es zu heftigen Regenfällen in dem sonst so trockenen Gebiet, das durch die Atacamawüste geprägt ist. Die außergewöhnlichen Erwärmungen dauern typischerweise etwa ein Jahr lang. Heute werden nur noch die im Rhythmus von etwa vier Jahren auftretenden besonders starken Ereignisse mit „El Niño" bezeichnet. Die Gegenphasen, die Abkühlungen, bezeichnet man in Analogie als „La Niña-Ereignisse" (La Niña: das Mädchen). Die Erwärmungen können jedoch heftiger ausfallen als die Abkühlungen (Abb. 7). Die Verteilung der Temperaturanomalien ist schief, das heißt das dritte statistische Moment ist positiv.

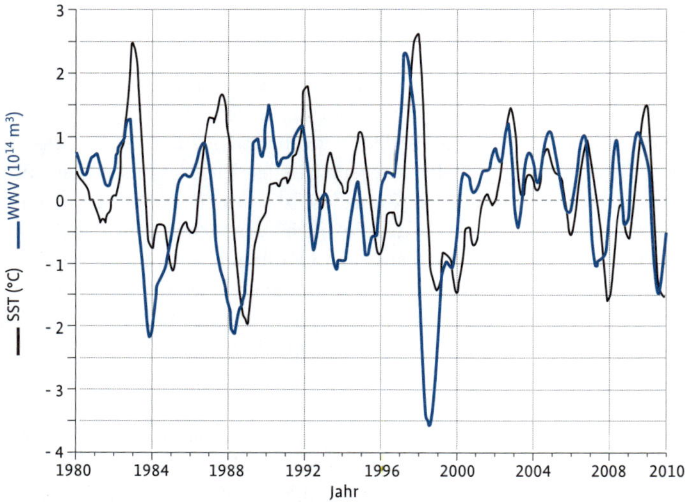

Abb. 7: Zeitreihen der Anomalie des Wärmeinhalts (blau) des oberen äquatorialen Pazifik und die Anomalie der Meeresoberflächentemperatur (SST) im zentralen Pazifik (Niño3.4 Region) für die Periode 1980–2010. Der Bezugszeitraum ist 1980–2002. Der Wärmeinhalt ist hier definiert als das Volumen des Wassers oberhalb der 20°C-Isotherme in der Region 5°N–5°S und 120°E–80°W. Quelle: NOAA (http://www.pmel.noaa.gov/tao/elnino/wwv/).

Die Warmphasen (El Niños) führen zu Dürren in Südostasien, Teilen Australiens und Brasiliens, verursachen starke Niederschläge über weiten Teilen des westlichen Südamerikas, und rufen signifikante Klimaanomalien über Nordamerika und während besonders starker Ereignisse sogar über Europa hervor. Selbst in Südafrika sind die Auswirkungen noch erheblich. El Niños beeinflussen außerdem die Windsysteme über dem tropischen Nordatlantik, insbesondere auch in Höhen von mehreren Kilometern. Das führt dazu, dass sich die Winde besonders stark mit der Höhe ändern, ein Hemmschuh für die Entwicklung von Hurrikanen. Die warmen Ereignisse gehen deswegen häufig mit einer schwachen Hurrikan-Aktivität einher. La Niñas verursachen in vielen Regionen umgekehrte Änderungen und führen zum Beispiel tendenziell zu mehr Hurrikanen.

Das ENSO-Phänomen wirkt sich nicht nur auf das Klima aus, sondern es beeinflusst auch die Ökosysteme im asiatisch-pazifischen Raum. So kommt es während Warmphasen in Indonesien infolge der Trockenheit verstärkt zu Bränden, was zu Einbußen in der Palmölproduktion führt. Rückgänge im Fischfang und damit zusammenhängend in der

Guano-Produktion belasten die Volkswirtschaften verschiedener Staaten im westlichen Südamerika. Mehr Frosttage in Florida verursachen enorme Schäden beim dortigen Obstanbau. Auch der Maisanbau in Südafrika ist erheblich betroffen, um nur einige Beispiele zu nennen. Die Rate des Anstiegs der atmosphärischen Kohlendioxidkonzentration ändert sich kurzfristig ebenfalls als Folge von ENSO, ein Anhaltspunkt für die Beeinflussung des globalen Kohlenstoffkreislaufs. Die Schwankungen des Kohlendioxids sind allerdings im Vergleich zum anthropogen bedingten Anstieg der letzten Jahrzehnte äußerst klein. Man kann trotzdem die ENSO-bedingten Kohlendioxidänderungen in den Messungen leicht erkennen, wenn man den durch den Menschen verursachten langfristigen Trend abzieht. Die durch ENSO verursachten Kohlendioxidänderungen werden auch von Erdsystemmodellen simuliert, ein wichtiger Test für die Modelle, um die Wechselwirkung des physikalischen Systems mit dem Kohlenstoffkreislauf zu überprüfen. Sowohl Vorgänge im Meer als auch auf Land tragen zu den kurzfristigen Kohlendioxidschwankungen bei.

Die warmen wie auch die kalten Ereignisse regen globale atmosphärische Zirkulationsmuster an, die Klimaanomalien rund um den Globus verursachen. Wegen seiner weltweiten klimatischen Auswirkungen, seinem Einfluss auf die Ökologie in verschiedenen Gegenden der Erde, seiner Bedeutung für die Volkswirtschaften zahlreicher Länder und nicht zuletzt wegen seines relativ großen Vorhersagepotentials ist das ENSO-Phänomen eines der zentralen Felder der heutigen Klimaforschung. Darüber hinaus bietet seine Simulation und Vorhersage die Gelegenheit, die Güte von Klimamodellen zu überprüfen. Und schließlich besteht die Möglichkeit, dass sich die ENSO-Statistik durch den anthropogenen Treibhauseffekt ändern könnte, was unabsehbare Folgen für viele Länder hätte. Die Messungen der letzten Jahrzehnte zeigen allerdings bisher keine belastbaren Anzeichen hierfür, und auch die Modelle liefern diesbezüglich sehr unterschiedliche Resultate. Sollte sich die Statistik des Modes ändern, hätte dies auf jeden Fall gravierende und auch globale Auswirkungen. Ein von einigen Modellen simulierter permanenter El Niño beispielsweise, ein dauerhafter Zustand mit hohen Temperaturen im äquatorialen Ostpazifik, wäre ein Desaster und könnte auf der anderen Seite des Pazifiks zum Kollaps des indonesischen Regenwaldes führen. Das verdeutlicht noch einmal, warum wir die Dynamik der Klimamoden auch im Hinblick auf die globale Erwärmung verstehen müssen.

ENSO ist das klassische Beispiel für die dynamische Wechselwirkung zwischen dem Ozean und der Atmosphäre. Das Meer beeinflusst die Atmosphäre und diese wiederum das Meer. Hervorstechendes Charakteristikum sind die quasi-periodischen Schwankungen der Oberflächentemperatur des äquatorialen Pazifiks, die in der Abb. 7 deutlich zu Tage treten. Die Zeitreihe ist jedoch irregulär und die Spitze im Spektrum der Temperatur bei etwa vier Jahren relativ breit, sodass ein stochastisches Konzept zur Erklärung der ENSO-Dynamik sinnvoll zu sein scheint (Abb. 6, untere Teilabbildung). Man kann ENSO als eine gedämpfte Eigenschwingung des gekoppelten Systems Ozean-Atmosphäre verstehen, die entsprechend dem Konzept des stochastischen Klimamodells durch das dem Klimasystem innewohnende Rauschen angetrieben wird. Komplexe Klimamodelle bestätigen diese Hypothese und simulieren ENSO ebenfalls als ein breitbandiges Phänomen, das keines externen Antriebs bedarf.

Das Gedächtnis des gekoppelten Systems befindet sich im trägen Ozean. Die Atmosphäre kann man wegen ihrer kurzen internen Zeitskala als ein System betrachten, das sich im statistischen Gleichgewicht mit der sich langsam ändernden Meeresoberflächentemperatur befindet. Das statistische Gleichgewicht ist der Zustand, in dem ein System die wahrscheinlichste Verteilung erreicht hat. Dies ermöglicht in hybriden Modellen eine diagnostische Formulierung der atmosphärischen Rückkopplung, bei der die Atmosphäre zwar keine eigene Dynamik besitzt, trotzdem aber auf die Variationen der Meerestemperatur in Form von Änderungen der Passatwinde reagiert. Durch diese Vereinfachung verringert sich der Rechenaufwand für das gekoppelte System erheblich. Auf diese Art und Weise war es bereits vor über 20 Jahren möglich, Temperaturschwankungen im äquatorialen Pazifik mit numerischen Modellen vorherzusagen. Trotzdem ist es wichtig, den gekoppelten Charakter der Variabilität noch einmal hervorzuheben. Das Meer fühlt die Änderungen der Winde, und die Winde die Änderungen der Temperatur. Das ist die wichtigste Voraussetzung für das Entstehen von ENSO.

Befassen wir uns mit der Kopplung von Ozean und Atmosphäre etwas genauer. Die atmosphärische Komponente des ENSO, die Southern Oscillation (SO), ist ein Wechselspiel zwischen dem südostasiatischen Tiefdruckgebiet und dem südostpazifischen Hochdruckgebiet. Der Luftdruckunterschied zwischen den beiden Drucksystemen bestimmt die Stärke der Passatwinde längs des äquatorialen Pazifik. Die Oberflächentemperatur des äquatorialen Pazifik ändert sich mit der Stärke der Passatwinde. Unter ihrem Einfluss und dem der Erdrotation quillt normalerweise vor der Küste Südamerikas und längs des Äquators im östlichen und zentralen Pazifik kaltes Wasser an die Meeresoberfläche, was die recht niedrigen Meerestemperaturen in diesen Regionen verursacht. Der kalte Bereich mit Temperaturen von zum Teil unter 20 °C wird als Kaltwasserzunge bezeichnet und weist große Trockenheit auf. Im Westpazifik hingegen ist die Meeresoberflächentemperatur mit Werten von bis zu 30 °C relativ hoch. Dort steigt die Luft auf und es entstehen ergiebige Niederschläge.

Es herrscht also im Normalfall ein ziemlich starker Temperaturgegensatz von etwa 10°C längs des Äquators, und die Passate wehen beständig von Osten nach Westen. Als Folge ist die Thermokline, die Grenzfläche zwischen dem warmen Oberflächenwasser und dem kalten Tiefenwasser, längs des Äquators geneigt: Sie liegt im Westen in etwa 100 Meter und im Osten in etwa 20 Meter Tiefe. Das ist der Grund dafür, dass die Oberflächentemperatur im Osten empfindlich auf Schwankungen der Passatwinde reagiert. Außergewöhnlich starke Winde führen zu einer noch stärkeren Neigung der Thermokline. Sie liegt dann im Osten sehr dicht unter der Oberfläche oder erreicht diese sogar, was einen noch kälteren Ostpazifik zur Folge hat. Umgekehrt führen relativ schwache Winde zu einer mehr horizontalen Position der Thermokline und einem relativ warmen Ostpazifik. Die Temperaturschwankungen an der Oberfläche verursachen wiederum Änderungen des Luftdrucks und damit der Passate und zwar in einer Art und Weise, dass die anfängliche Störung verstärkt wird.

Diese als Bjerknes-Feedback bezeichnete positive Rückkopplung zwischen den Winden, der Neigung der Thermokline und der Meeresoberflächentemperatur erklärt die vergleichsweise großen Temperaturschwankungen von mehreren Grad Celsius an der Oberfläche im Ostpazifik. Eine anfängliche Erwärmung des Ostpazifiks und damit verbunden ein verminderter Ost-West Gegensatz der Temperatur längs des Äquators dämpfen die Southern Oscillation: Der Luftdruck über dem westlichen Pazifik steigt, während er über dem östlichen Pazifik sinkt, wodurch sich die Passatwinde abschwächen. Dadurch steigt die Oberflächentemperatur im Osten weiter und der Temperaturgegensatz zwischen dem Ost- und Westpazifik schwächt sich noch mehr ab. Schließlich gipfelt diese Art von positiver Rückkopplung in einem El Niño-Ereignis mit ungewöhnlich hohen Meeresoberflächentemperaturen im Ost- und Zentralpazifik, einem schwachen Temperaturgegensatz längs des Äquators und einem Einschlafen der Passatwinde. Eine Kaltwasserzunge gibt es kaum noch. Im Extremfall verschwindet sie sogar für einige Monate ganz. Analog dazu entwickelt sich ein La Niña-Ereignis, wobei die Prozesse mit umgekehrtem Vorzeichen ablaufen. Die kalten Ereignisse sind demnach durch außergewöhnlich starke Passatwinde, eine starke Thermoklinen-Neigung und einen relativ starken Temperaturgegensatz an der Meeresoberfläche charakterisiert. Die Kaltwasserzunge erstreckt sich während eines La Niña-Ereignisses bis weit nach Westen.

Sowohl El Niño- als auch La Niña-Ereignisse gehen also mit Temperaturanomalien einher, die einen großen Teil des tropischen Pazifiks bedecken. Darüber hinaus kommt es zu Temperaturänderungen gleichen Vorzeichens in großen Teilen des tropischen Indischen Ozeans und des tropischen Atlantiks. Der Grund sind mit der Southern Oscillation in Zusammenhang stehende Schwankungen der Windzirkulation der gesamten Tropen, die die Wärmeflüsse an der Meeresoberfläche in den beiden tropischen Meeren beeinflussen. Als Folge entwickeln sich dann die Temperaturanomalien im tropischen Indischen Ozean und tropischen Atlantik, allerdings mit einer Verzögerung von einigen Monaten. Der tropische Ozean wirkt als riesige Heizung oder Kühlung für die Atmosphäre. Derartige Ereignisse sind deswegen imstande, globale Klimaänderungen herbeizuführen. Man erkennt sie daher auch in der Durchschnittstemperatur der Erde (Abb. 1). Nach der Analyse des Britischen Wetterdienstes war das Jahr 1998 global betrachtet das bisher wärmste Jahr seit dem Beginn der instrumentellen Messungen, und es war sehr stark durch den Jahrhundert-El Niño der Jahre 1997 und 1998 geprägt.

Der Durchbruch in der Kurzfristklimavorhersage

Augenscheinlich wäre die erfolgreiche Vorhersage des ENSO und der mit dem Mode einhergehenden Klimaänderungen von großem Nutzen. Da das Klimaphänomen eine recht starke periodische Komponente besitzt, muss auch ein gewisses Vorhersagepotential existieren. Es ist der Wärmeinhalt des oberen äquatorialen Pazifik, der im gewissen Sinne die Vorhersagbarkeit trägt. Er ist ein integraler Parameter, der die Temperaturverhältnisse in den oberen 100–200 m des Meeres widerspiegelt. Der Wärmeinhalt liefert die für die Oszillation notwendige negative Rückkopplung: er sorgt dafür, dass das System schwingt. Messungen wie auch Modellsimulationen zeigen, dass es eine Phasendifferenz, einen Zeitversatz, zwischen den Entwicklungen des beckenweit gemittelten Wärmeinhalts des oberen äquatorialen Pazifiks und den Anomalien der Oberflächentemperatur im äquatorialen Ost- und Zentralpazifik gibt (Abb. 7). Dabei läuft der Wärmeinhalt der Temperatur voraus. Kennen wir also den Wärmeinhalt, können wir im Prinzip die Oberflächentemperatur vorhersagen und die mit ihr üblicherweise einhergehenden weltweiten Klimaanomalien. Der Zeitversatz variiert allerdings und beträgt zwischen wenigen Monaten bis zu einem Jahr.

Man hat vor einigen Jahren ein einfaches konzeptuelles Modell zur Erklärung ENSOs entwickelt, den Recharge Oscillator. Das Minimalmodell erklärt aber dennoch einen beträchtlichen Teil der Variabilität der Oberflächentemperatur des äquatorialen Pazifiks. Es basiert auf der Tatsache, dass der obere Ozean Wärme während eines El Niño-Ereignisses infolge von Änderungen der windgetriebenen Meeresströmungen verliert und während eines La Niña-Ereignisses gewinnt. Deswegen kann nach einem El Niño-Ereignis das nächste erst beginnen, wenn wieder genügend Wärme im äquatorialen Pazifik akkumuliert worden ist. Daraus erklärt sich der Namensteil „Recharge", der so viel wie „Aufladen" bedeutet. Mathematisch kann man das Modell auf einen harmonischen Oszillator reduzieren, wobei die Anomalien der Meeresoberflächentemperatur T die Rolle des Impulses und die des Wärmeinhalts h die des Ortes einnehmen:

$$\frac{dT}{dt} = a_{11}T + a_{12}h$$

$$\frac{dh}{dt} = a_{21}T + a_{22}h \qquad (5)$$

Hierin sind a_{ij} konstante Koeffizienten, die aus Messungen bestimmt werden. Dabei zeigt sich, dass der Oszillator wie erwartet gedämpft ist. Als Maß für den Wärmeinhalt verwenden wir hier das Volumen des Wassers mit einer Temperatur oberhalb von 20 °C in der Region 5 °N–5 °S und 120 °E–80 °W. Es gibt seit einigen Jahren ein großflächiges Beobachtungssystem im äquatorialen Pazifik, das TOGA-TAO Array, das die Temperaturen bis in Tiefen von einigen hundert Metern liefert und die Berechnung des Wärmeinhalts ermöglicht.

ENSO-Vorhersagen mit einem vereinfachten Ozean-Atmosphäre Modell des tropischen Pazifiks wurden erstmals Mitte der 1980er Jahre vorgestellt. Die äquatorialen Wärmeinhaltsanomalien hat man damals, in Ermangelung von Temperaturmessungen, mit der ozeanischen Modellkomponente berechnet, indem man diese mit den beobachteten Winden antrieb. Viele Studien hatten zuvor gezeigt, dass die Methode geeignet ist, die Wärmeinhaltsanomalien indirekt zu berechnen, da sie einerseits sehr stark von den Winden abhängen und andererseits einer recht einfachen Dynamik gehorchen. Dabei spiegeln die bereits diskutieren Änderungen der Neigung der Thermokline im Wesentlichen die Änderungen des beckenweiten Wärmeinhalts wieder. Die Anomalien der Meeresoberflächentemperatur im äquatorialen Pazifik sind mit den heutigen globalen Atmosphäre-Ozean Zirkulationsmodellen bis zu sechs Monate im Voraus vertrauenswürdig vorherzusehen. Damit ist man einen entscheidenden Schritt vorwärts in Sachen Kurzfristklima- oder Jahreszeitenvorhersage gekommen.

Man führt die Klimavorhersagen üblicherweise im Ensemblemodus durch, das bedeutet man rechnet die Entwicklung mit unterschiedlichen Anfangsbedingungen und mittelt dann über die Ergebnisse der einzelnen Vorhersagen. Dadurch verringert man den Einfluss der zufälligen Wetterschwankungen so gut es geht. Es hat sich außerdem herausgestellt, dass die durch die Mittelung der Ensemblevorhersagen verschiedener Modelle (Multi-Modell Ensemble) berechnete „Konsensvorhersage" der Ensemblevorhersage jedes einzelnen Modells überlegen ist. Offensichtlich sind die Modellfehler zufällig verteilt und heben sich bei der Mittelung der Ergebnisse verschiedener Modelle teilweise auf. Das ist auch einer der Gründe, warum man häufig die Projektionen zur globalen Erwärmung über eine Reihe von Modellen mittelt und als Multi-Modell Ensemblemittelwert darstellt. Das ist ein Beispiel dafür, wie man die Erkenntnisse aus der Kurzfristklimavorhersage für die Langzeitrechnungen nutzen kann.

Die ENSO-Vorhersage war der Durchbruch in der Jahreszeitenvorhersage und somit eine wichtige Ergänzung zu der Wettervorhersage. Es handelt sich bei der saisonalen Vorhersage wie bei der Wettervorhersage im mathematischen Sinne um ein Anfangswertproblem (siehe Kapitel 2). Messungen aus der Tiefe des Ozeans wie die des TOGA-TAO Arrays sind für die ENSO-Vorhersage als Startwerte unerlässlich. Inzwischen werden die Jahreszeitenvorhersagen routinemäßig an verschiedenen Zentren durchgeführt und Entscheidungsträgern frühzeitig für Planungszwecke zur Verfügung gestellt. Es sei an dieser Stelle aber ausdrücklich festgehalten, dass die Jahreszeitenvorhersage ursprünglich für die Tropen entwickelt wurde. Die Atmosphäre der mittleren Breiten ist auf den saisonalen Zeitskalen vor allem durch die interne, chaotische und nicht vorhersagbare Variabilität der Atmosphäre geprägt. Der Einfluss der Meeresoberflächentemperatur ist im Vergleich hierzu deutlich geringer. Allerdings wirken sich die kurzfristigen Änderungen der Tropen auch auf die Extratropen aus, woraus sich ein gewisses saisonales Vorhersagepotential für die mittleren Breiten ableiten lässt. Anders könnten die Verhältnisse auf den längeren Zeitskalen von Jahrzehnten liegen, auf denen sich die langsamen Änderungen der dreidimensionalen Ozeanzirkulation auf die Luftströmungen der mittleren Breiten auswirken.

Fazit

Im Bereich der Kurzfristklimavorhersage war die Vorhersage des El Niño / Southern Oscillation-Phänomens ein Durchbruch. Methodische Erkennntnisse daraus können für die Langzeitprognose des Klimas eingesetzt werden. Es bleibt abzuwarten, ob sich die ENSO-Statistik aufgrund der globalen Erwärmung ändern wird, dies hätte schwerwiegende Folgen.

Weiterführende Literatur

Bjerknes, J. (1969), Atmospheric teleconnections from the equatorial Pacific. Mon. Weather Rev. 97, 163–172.

Burgers, G., et al. (2005), The simplest ENSO recharge oscillator. Geophys. Res. Lett., 32, L13706, doi:10.1029 / 2005GL022951.

Cane, M. A., et al. (1986), Experimental forecasts of El Niño. Nature, 321, 827832.

Jin, F.-F. (1997), An equatorial recharge paradigm for ENSO. I: Conceptual model. J Atmos. Sci., 54, 811–829.

Latif, M., and N. S. Keenlyside (2008), El Niño / Southern Oscillation response to global warming. Proc. Nat. Ac. Sci., doi:10.1073 / pnas.0710860105.

Nordatlantische Oszillation

Wenden wir uns nun der Klimavariabilität der Extratropen zu, mit dem Ziel, die dortigen dekadischen Schwankungen besser zu verstehen. Wir werden uns im Folgenden auf den atlantischen Raum beschränken. Das Konzept der Wechselwirkung zwischen der Atmosphäre und dem Ozean wird auch hier Anwendung finden, um die multidekadischen Änderungen der atlantischen Oberflächentemperatur (AMO: Atlantic Multidecadal Oscillation) zu erklären. Diese korrelieren sehr gut mit den langperiodischen Schwankungen in verschiedenen Klimaparametern wie die Lufttemperatur in Teilen Europas oder Nordamerikas. Betrachten wir aber zunächst nur die interne atmosphärische Variabilität über dem Nordatlantik, bevor wir uns dem gekoppelten Problem zuwenden. Das ist unerlässlich, um die Dynamik der AMO zu verstehen.

Die Atmosphäre besitzt eine Reihe von internen Zirkulationsmustern. Diese haben a priori keine ausgezeichnete Zeitskala. Ihr Spektrum ist in erster Näherung weiß, das heißt die Schwankungsamplitude hängt nicht von der Zeitskala ab. Auf den saisonalen bis dekadischen Zeitskalen beschreibt die Nordatlantische Oszillation (NAO) im Nordwinter (Dezember bis einschließlich März) eine der wichtigsten Zirkulationsstrukturen in der nordatlantisch-europäischen Region (NAE-Region). Ein einfacher Index der NAO ist die Luftdruckdifferenz zwischen Reykjavik (Island) und Lissabon (Portugal). In den mittleren Breiten haben die Phasen der NAO Auswirkungen auf die Stärke der Westwinde, die Zugbahnen von Tiefdruckgebieten und den mit ihnen zusammenhängenden Transport von Wärme und Feuchte. Einige Schlüsselparameter wie die Temperatur und der Niederschlag in der NAE-Region zeigen klare Zusammenhänge mit der NAO. In den Tropen beeinflusst die NAO die Stärke der Passatwinde und damit beispielsweise den Auftrieb kalten Wassers vor der nordwestafrikanischen Küste.

Die Nordatlantische Oszillation ist wie die Southern Oscillation eine Art Druckschaukel und zwar zwischen dem Islandtief und dem Azorenhoch. Ihr räumliches Muster ist durch einen Dipol im Druckfeld über dem Nordatlantik charakterisiert. Das NAO-Muster (Abb. 8, obere Teilabbildung) und die dazu gehörende Zeitreihe (Abb. 8 unten) sind in Form der führenden Empirischen Orthogonalfunktion (EOF) zusammen mit dem aus Stationsdaten berechneten NAO-Index (Abb. 8 unten) gezeigt. Die EOFs sind diejenigen Muster, die die meiste Variabilität erklären und normalerweise am häufigsten auftreten. Die entsprechende Zeitreihe erhält man durch die Projektion der einzelnen Druckfelder auf das EOF-Muster. Man vergleicht gewissermaßen das Druckfeld mit dem EOF-Muster. Große positive Werte in der EOF-Zeitreihe bedeuten eine sehr gute Übereinstimmung. In diesem Fall sind sowohl das Islandtief als auch das Azorenhoch besonders stark. Große negative Werte zeigen an, dass das EOF-Muster mit umgekehrtem Vorzeichen aufgetreten ist. In diesem Fall hat man ein schwaches Islandtief und auch ein schwaches Azorenhoch. So hat der sehr niedrige Index im Jahr 2010 großen Teilen Nord- und Mitteleuropas einen strengen Winter beschert, weil es kaum westliche Winde gegeben hat, die milde Meeresluft in Richtung Europa hätten transportieren können.

Das NAO-Muster zeigt die große räumliche Kohärenz der Schwankungen, die von den polaren Breiten zu den Tropen reichen und von Amerika bis nach Europa und Afrika. Dieser Zusammenhang der Luftdruckanomalien über tausende von Kilometern hinweg ist typisch für die Zirkulationsmuster, wobei die Anomalien unterschiedliche Vorzeichen in verschiedenen Regionen haben. Druckfelder spiegeln die Massenverteilung wieder. Ein Defizit an Masse an einem Ort muss durch einen Überschuss anderswo ausgeglichen werden: Es kann kein Tief ohne ein Hoch anderswo geben.

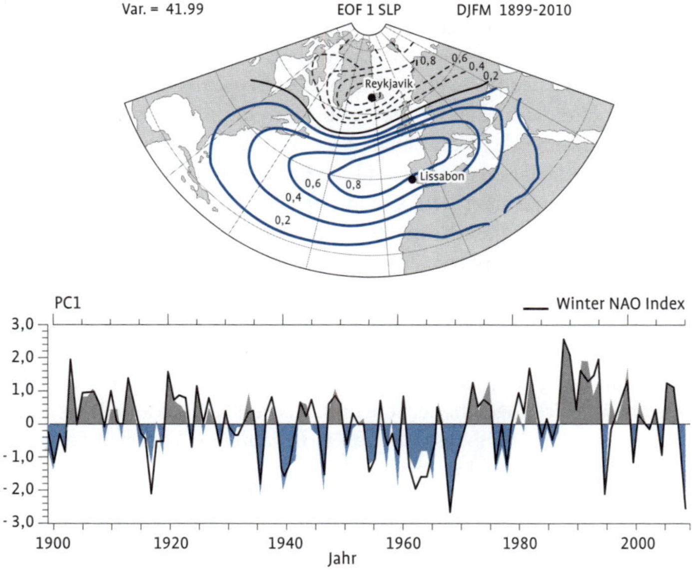

Abb. 8: Das Muster (oben) und die Zeitreihe (unten) der führenden Empirischen Orthogonalfunktion (EOF) des Luftdrucks auf Meeresniveau im Winter (DJFM, Dezember bis einschließlich März) in der NAE Region für die Periode 1899–2010. Die EOF erklärt gut 40 % der Varianz. Die schwarze Kurve zeigt den aus Stationsdaten berechneten NAO-Index. Die Korrelation des NAO-Index mit der EOF-Zeitreihe beträgt 0,93. Quelle: http://www.cgd.ucar.edu/cas/jhurrell/indices.info.html#naopcdjfm.

Sowohl die EOF-Zeitreihe als auch der aus Stationsdaten (Reykjavik und Lissabon) berechnete NAO-Index verdeutlichen die starke Variabilität auf den unterschiedlichen Zeitskalen. Man muss an dieser Stelle betonen, dass der Name Oszillation wegen des irregulären Charakters der Schwankungen irreführend ist: Das NAO-Spektrum weist bei keiner Frequenz statistisch hoch signifikante Spitzen auf. Es ist nahezu weiß mit nur einer leichten Röte, was darauf hindeutet, dass die interne Dynamik der Atmosphäre die NAO-Variabilität bestimmt, weswegen ihre Vorhersagbarkeit als sehr begrenzt gilt. Insofern passt die NAO gut in das Bild des stochastischen Klimamodells und entspricht mit ihrer zeitlichen Charakteristik in groben Zügen dem angenommen weißen atmosphärischen Rauschen in der Gleichung (4). Das verdeutlicht, dass die interne Dynamik der Atmosphäre zwar imstande ist, langperiodische NAO-Variabilität zu erzeugen, selbst auf der dekadischen Zeitskala. Die niederfrequenten Schwankungen der NAO sind aber nicht gegenüber den Änderungen bei den kürzeren Frequenzen erhöht.

Die Abb. 9 zeigt die oberflächennahen Temperaturabweichungen während einer positiven Phase der NAO, also wenn der Luftdruckunterschied über dem Atlantik groß und somit die Westwinde stark sind. Das Winterklima der Nordhemisphäre ist offensichtlich stark von der NAO geprägt. Klar ersichtlich sind die Erwärmungen über großen Teilen Eurasiens und über dem Osten der USA sowie die anomal kalten Bedingungen über dem Nordosten von Kanada, der Labrador- und Irmingersee, über Grönland, dem mittleren Osten und Nordafrika. Die Amplituden sind verhältnismäßig groß und erreichen über Nordeuropa regional sogar über 2 °C im Wintermittel für eine Änderung von einer Standardabweichung im NAO-Index. Es versteht sich von selbst, dass eine Änderung der NAO-Statistik durch die globale Erwärmung enorme Auswirkungen hätte. So würde das von vielen Modellen infolge des Anstiegs der Treibhausgase simulierte häufigere Auftreten der positiven NAO-Phase die Erwärmung im Winter über Teilen Europas bis weit nach Asien beschleunigen und wahrscheinlich auch eine stärkere Sturmaktivität in Deutschland bedeuten.

Die negativen Temperaturanomalien im Bereich der Labrador- und Irmingersee üben einen starken Einfluss auf die dreidimensionale Ozeanzirkulation aus. Dort befindet sich nämlich eines der wichtigen Konvektionsgebiete, das die atlantische thermohaline Zirkulation (THZ) antreibt. Sie ist eine Art Förderband oder Umwälzbewegung (engl.: Meridional Overturning Circulation, MOC): Kaltes und damit dichtes Wasser sinkt in den hohen Breiten ab und strömt in etwa 2000–4000 Meter Tiefe nach Süden. An der Oberfläche strömt entsprechend warmes tropisches Wasser mit dem Golf- und Nordatlantikstrom nach Norden. Das führt zu einem effektiven Wärmetransport aus den Tropen in die hohen Breiten. Die Umwälzbewegung ist mit dafür verantwortlich, dass in Nordeuropa im Vergleich zur Ostküste Kanadas recht

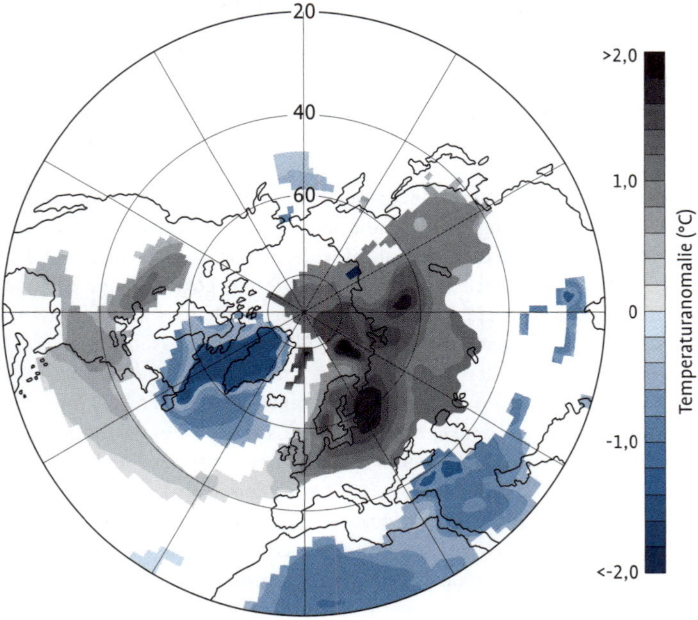

Abb. 9: Winterliche oberflächennahe Temperaturabweichungen (°C) verbunden mit der positiven Phase der NAO (+1 Standartabweichung des NAO Index). Die Daten des Zeitraums 1959–1998 wurden in der Analyse verwendet. Quelle: Müller et al. 2008.

milde Winter vorherrschen. Der Pazifik weist keine derartige Umwälzbewegung auf, was man auf seinen geringeren Salzgehalt im Vergleich zum Atlantik zurückführen kann.

Positive NAO-Phasen sind über der Labrador- und Irmingersee mit verstärkter Kaltluftzufuhr verbunden und führen dort zu einer verstärkten Wärmeabgabe des Ozeans an die Atmosphäre. Es kommt dadurch zu einer Abkühlung der oberen Meeresschichten und einer verstärkten Tiefenwasserbildung, das heißt das Absinken des dichten Wassers verstärkt sich. Das beschleunigt die Umwälzbewegung, falls die positive NAO-Phase lange genug, das heißt über Jahre, andauert. Der ozeanische Wärmetransport nach Norden nimmt dann zu und der Nordatlantik erwärmt sich. Die dekadischen NAO-Schwankungen sind somit ein wichtiger Antrieb für die atlantische Umwälzbewegung, obwohl sie im Spektrum nicht prominent zu Tage treten. Zahlreiche Klimamodellstudien haben den Mechanismus bestätigt. Die langsamen

Änderungen der Ozeanzirkulation können sich schließlich auch wieder auf die Atmosphäre und die Hurrikanaktivität auswirken, aber nicht notwendigerweise auf die NAO selbst.

Da die NAO für sich einen direkten Einfluss auf das Winterklima im atlantischen Raum ausübt, ist ihre eigene potentielle Vorhersagbarkeit von großem Interesse. Die Vorhersage der NAO wäre aber auch über die Klimaforschung hinaus relevant, etwa für die Fischereiindustrie, die Versicherungs- oder die Energiewirtschaft. Die aktuelle Forschung konzentriert sich darauf, in wieweit und auf welchen Zeitskalen die NAO potentiell vorhersagbar ist. Nach gegenwärtigem Stand der Forschung sind die Schwankungen der NAO allerdings kaum vorhersehbar, im Gegensatz zum ENSO-Phänomen, dessen Phase recht gut mit Klimamodellen einige Monate im Voraus prognostiziert werden kann. Die stark limitierte Vorhersagefähigkeit der NAO ist der chaotischen Natur der extratropischen Atmosphäre geschuldet. Es scheint nur in Ausnahmefällen wie nach einer besonders hoch reichenden explosiven Vulkaneruption oder während eines starken El Niño oder La Niña Ereignisses ein gewisses Vorhersagepotential zu bestehen. Jahreszeitenvorhersagen mit einer Güte, wie sie in den Tropen möglich sind, scheinen nach heutigem Kenntnisstand für Europa nicht erreichbar zu sein.

Fazit

Im Gegensatz zum El Niño / Southern Oscillation-Phänomen in den Tropen sind die internen Schwankungen der Nordatlantischen Oszillation kaum vorhersagbar. Viele Klimamodelle simulieren aber ein durch die globale Erwärmung verursachtes häufigeres Auftreten der positiven NAO-Phase. Dies würde unter anderem die Erwärmung der Winter in Teilen Europas und Asiens beschleunigen.

Weiterführende Literatur

Eden C., and T. Jung (2001), North Atlantic Interdecadal Variability: Oceanic response to the North Atlantic Oscillation (1865–1997). J. Climate, 14, 676–691.

Hurrell, J. W., (1995), Decadal trends in the North Atlantic Oscillation: regional temperatures and precipitation. Science, 269, 676–679.

Müller, W. et al. (2008), NAO und Vorhersagbarkeit. Promet, 34, 3 / 4, 77–78.

Atlantische Multidekadische Oszillation

Die Atmosphäre der mittleren Breiten reagiert im Gegensatz zu der kurzen saisonalen Zeitskala relativ stark auf die Änderungen der Meeresoberflächentemperatur auf der dekadischen Zeitskala, was bereits in den 1960iger Jahren anhand von relativ kurzen Messungen postuliert worden war. Wir beschränken uns hier auf die Atlantische Multidekadische Oszillation (AMO), ein Phänomen mit einer Periode von etwa 60–80 Jahren, das seinen Ursprung im Bereich des subpolaren Atlantiks hat und zu Auswirkungen führt, die in verschiedenen Variablen klar zu Tage treten. Die Atlantische Multidekadische Oszillation wird auch hin und wieder als Atlantische Multidekadische Variabilität (AMV) bezeichnet, da noch nicht restlos geklärt ist, ob es sich wirklich um eine Oszillation mit wohl definierter Periode handelt.

Auf den längeren Zeitskalen beeinflusst die NAO die Tiefenzirkulation im Meer. Die großräumigen Schwankungen der Temperatur des Atlantiks sind dementsprechend eher langfristiger Natur, im Gegensatz zum äquatorialen Pazifik, wo die Meerestemperatur deutlich schneller fluktuiert. Auf der längeren Zeitskala von Jahrzehnten scheint ein gewisses Vorhersagepotential in der NAE-Region zu existieren. Dieses erklärt sich aus den langperiodischen Änderungen der beckenweiten Umwälzbewegung, die sich auf die Temperatur und den Niederschlag der angrenzenden Kontinente oder auch die atlantische Hurrikan-Aktivität auswirken. Dieser Sachverhalt führt uns noch einmal vor Augen, dass die erfolgreiche Vorhersage der multidekadischen Schwankungen der atlantischen Meerestemperatur von großem sozioökonomischem Interesse wäre.

In Abb. 10 sind die Zeitreihe der über große Teile Europas gemittelten und in 2 Meter Höhe gemessenen Temperatur (oben) und die der trendbereinigten Meeresoberflächentemperatur des Nordatlantiks gemittelt über den Bereich 0–60 °N (Abb. 10 unten) für den Zeitraum von 1870–2006 dargestellt. Der Index der Meeresoberflächentemperatur wird üblicherweise als Index für die AMO verwendet. Die Meerestemperatur zeigt ausgeprägte multidekadische Schwankungen, mit Warmphasen Ende des vorletzten und Mitte des letzten Jahrhunderts sowie während der letzten Jahre (siehe auch Abb. 3). Die europäische Temperatur, hier gezeigt als Mittelwert über die Region 5 °W–10 °E und 35–60 °N, zeigt einen klaren Erwärmungstrend mit überlagerter zwischenjährlicher und multidekadischer Variabilität. Der Trend ist in der mittleren Teilabbildung abgezogen, um die multidekadischen Schwankungen der europäischen Temperatur besser identifizieren und mit denen der nordatlantischen Meerestemperatur einfacher vergleichen zu können.

Das Klima Europas kühlte sich Mitte des letzten Jahrhunderts für etwa zwanzig Jahre in der Zeit zwischen 1950 und 1970 ab, obwohl die Treibhausgase zu dieser Zeit rasch anstiegen (Abb. 1). Das verdeutlicht noch einmal, dass die natürlichen Klimaphänomene den langfristigen anthropogenen Erwärmungstrend für einige Jahrzehnte maskieren können. Genauso stellt sich die Frage, in welchem Maß sich die anschließende Erwärmung auf dem europäischen Festland während der letzten Jahrzehnte durch natürliche Ursachen erklären lässt. Es gibt zwar einen klaren langfristigen Anstieg der Temperatur in Europa über viele Jahrzehnte, ein Teil der starken Erwärmung seit 1980 könnte aber der positiven Phase der AMO zugeschrieben werden. Das verdeutlicht noch einmal, wie wichtig es ist, die natürliche Klimavariabilität im Detail zu verstehen. Und genau deswegen nimmt sie in diesem Buch so großen Raum ein.

Die multidekadischen Schwankungen der oberflächennahen Temperatur Europas und der nordatlantischen Meeresoberflächentemperatur sind hoch korreliert, was jedoch nicht für die Jahreswerte gilt. Daraus kann man ableiten, dass die chaotische Variabilität der Atmosphäre auf den kurzen Zeitskalen dominiert, während die langsamen Änderungen der Ozeanzirkulation einen wichtigen Einfluss auf das Klima Europas auf den längeren Zeitskalen ausüben. Die multidekadischen Schwankungen im Bereich des Atlantiks spiegeln sich wie bereits erwähnt in sehr unterschiedlichen Klimaparametern wieder. Sowohl der Niederschlag in der afrikanischen Sahelzone (Abb. 3) als auch die atlantische Hurrikan-Aktivität weisen ähnliche multidekadische Schwankungen auf. Atmosphärenmodelle reproduzieren die langperiodischen Änderungen in diesen Größen unter Vorgabe der gemessenen atlantischen Oberflächentemperaturen und demonstrieren damit, dass die atmosphärischen Schwankungen auf den langen Zeitskalen tatsächlich vom Meer verursacht werden und damit potentiell vorhersagbar sind.

Es stellt sich daher die Frage nach der Dynamik der multidekadischen Schwankungen im Atlantik. Klimamodelle bieten eine Möglichkeit, mehr Einblicke in die Mechanismen der Variabilität zu bekommen. Sie simulieren die komplexen Wechselwirkungen zwischen der Atmosphäre und dem Meer. Die Modelle zeigen interne Schwankungen und Beziehungen zwischen den verschiedenen Größen in langen Kontrollintegrationen, ähnlich zu denen, die wir anhand der Messungen

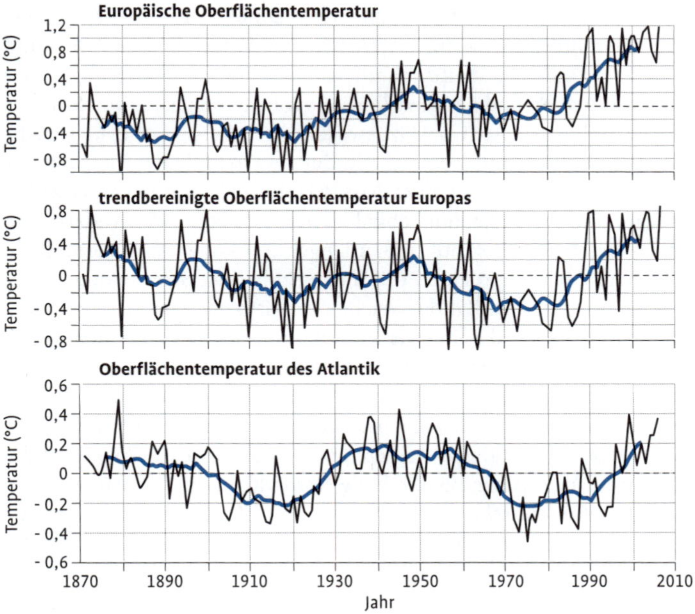

Abb. 10: Zeitreihe der atlantischen Meeresoberflächentemperatur (0–60 °N), ein Index für die Atlantische Multidekadische Oszillation (unten). Der lineare Trend wurde abgezogen. Die beiden oberen Teilabbildungen zeigen die europäische (2 m) Temperatur gemittelt über die Region 5 °W–10 °E und 35–60 °N mit (obere Teilabbildung) und ohne den linearen Trend (mittlere Teilabbildung). Alle Zeitreihen sind als Anomalien (°C) gegenüber dem Mittelwert der gesamten Periode gezeigt. Die dünnen gestrichelten Linien zeigen die Jahreswerte, die dicken Linien die mit einem 11-Jahre Gleitmittel gefilterten Werte. Quelle: Latif and Keenlyside 2011.

kennengelernt haben (Abb. 3 und Abb. 10). Gleichwohl unterscheiden sich die dominanten Perioden der Variabilität erheblich zwischen den Modellen. Sie reichen von etwa zwanzig Jahre bis über hundert Jahre, was auf Unterschiede in der Dynamik der Variabilität schließen lässt. Obwohl sich der Mechanismus hinter den multidekadischen Schwankungen von Modell zu Modell ziemlich unterscheiden kann, gibt es einen Konsens in den Modellen dahingehend, dass die Änderungen der Umwälzbewegung eine entscheidende Rolle für die langperiodische Variabilität der atlantischen Temperatur spielen. Die Modelle simulieren allerdings die Umwälzbewegung sehr verschieden, was die Unterschiede in der Periode der Variabilität zumindest teilweise erklärt.

Dass die Umwälzbewegung die AMO verursacht, wird auch durch das simulierte Muster der atlantischen Temperaturschwankungen gestützt, das man als inter-hemisphärischen Dipol bezeichnet (siehe Abb. 3 für einen Index). Es weist unterschiedliche Vorzeichen im Nord- und Südatlantik auf und deutet damit auf beckenweite Änderungen der Ozeanzirkulation und des meridionalen Wärmetransports hin. Eine außergewöhnlich starke Umwälzbewegung beispielsweise bringt mehr warmes Oberflächenwasser nach Norden und mehr kaltes Tiefenwasser nach Süden, wodurch sich der Nordatlantik in den oberen Schichten erwärmt und der Südatlantik abkühlt. Der Antrieb für die Änderungen der Meeresströmungen auf diesen langen Zeitskalen sind vermutlich, wie bereits oben angedeutet, die langperiodischen Schwankungen der Nordatlantischen Oszillation, welche die Wärmeflüsse in der Labrador- und Irmingersee und damit die Konvektion in diesen Regionen beeinflussen, worauf schließlich die Umwälzbewegung mit einer gewissen Zeitverzögerung reagiert. Die Änderungen des Stromsystems treiben dann die Änderungen der Oberflächentemperatur des Atlantiks. Die trägen Meeresströmungen reagieren also in besonderem Maße auf die langperiodische Anregung durch die Nordatlantische Oszillation.

Die multidekadischen Schwankungen sind in den Modellen prominent. Die Variationen sind durch Spitzen im Spektrum der Stärke der Umwälzbewegung charakterisiert und somit gegenüber dem roten Hintergrundspektrum hervorgehoben. Es gibt also eine gewisse Regelmäßigkeit in der Wiederkehr der Änderungen. Dies nährt die Hoffnung, dass sie zu einem gewissen Grad vorhersagbar sind. Das wird von Rekonstruktionen der Landtemperaturen in Nordamerika und Europa aus Baumringen für die letzten Jahrhunderte gestützt, die ebenfalls quasi-periodische multidekadische Schwankungen zeigen. Das Alles lässt auf einen möglichen Mechanismus nach dem Konzept des stochastischen Klimamodells schließen: Die Atlantische Multidekadische Oszillation kann hiernach als ein stochastisch angetriebener gedämpfter Oszillator verstanden werden. Theoretische Studien haben schon früh die Existenz gedämpfter Eigenmoden der atlantischen Umwälzbewegung postuliert. Das mittlere in der Abb. 6 dargestellte Szenarium könnte somit für die AMO Anwendung finden, nach dem das weiße atmosphärische Rauschen, in diesem Fall die irregulären Schwankungen der NAO, eine gedämpfte ozeanische Eigenschwingung mit multidekadischer Periode anregen, die sich in den relativ regelmäßigen Änderungen von Klimaparametern rund um den Atlantik niederschlägt. Man kann die AMO also als einen internen Klimamode mit multidekadischer Periode verstehen.

Dabei spielen zwei Prozesse eine entscheidende Rolle: Erstens, eine positive Rückkopplung. Nehmen wir zur Verdeutlichung eine lang anhaltende positive NAO-Phase an, die mit einem verstärkten Wärmeverlust über großen Teilen des Nordatlantiks und mit außergewöhnlich starken Westwinden verbunden ist. Das verursacht kurzfristig für einige Jahre einen etwas kälteren Nordatlantik. Außerdem werden die nach Süden gerichteten und als Ekman-Transport bezeichneten windgetriebenen oberflächennahen Strömungen stärker. Das führt zu einer weiteren Abkühlung des Nordatlantiks, weil mehr kälteres Wasser aus den subpolaren Breiten nach Süden kommt. Die Verstärkung der Konvektion in der Labrador- und Irmingersee verursacht aber eine verzögerte negative Rückkopplung über die Umwälzbewegung. Sie beschleunigt sich mit einem Zeitversatz von etwa einem Jahrzehnt und transportiert mehr Wärme in den oberen Meeresschichten nach Norden. Schließlich kehrt sich die Tendenz der nordatlantischen Meeresoberflächentemperatur um und der Nordatlantik beginnt sich allmählich zu erwärmen. Nach ein paar Jahrzehnten ist dann der Nordatlantik außergewöhnlich warm. Damit hätten wir die erste Hälfte der Oszillation erklärt. Kennen wir also die Geschichte der NAO, können wir im Prinzip die langperiodischen Schwankungen der Umwälzbewegung und der Meerestemperatur vorhersagen. Das ist der Kern der dekadischen Vorhersagbarkeit im atlantischen Raum.

Die obigen Ergebnisse können auch dahingehend interpretiert werden, dass der nordatlantische Sektor nicht geeignet ist, eine anthropogene Klimaänderung frühzeitig zu erkennen, da sie erheblich durch die starke multidekadische Variabilität überlagert wird. Insofern verwundert es auch nicht, dass die Meeresoberflächentemperatur im nördlichen Nordatlantik (40–60 °N), dem Gebiet mit dem stärksten Einfluss der Umwälzbewegung auf die Oberflächentemperatur, keinen signifikanten langfristigen Erwärmungstrend während des 20. Jahrhunderts erkennen lässt, der sich deutlich von der Variabilität abheben würde. Man hätte aber trotzdem einen wahrnehmbaren langfristigen Erwärmungstrend erwartet, wie man ihn beispielsweise auch im tropischen Nordatlantik beobachtet, wo die multidekadische Variabilität auch stark ausgeprägt ist. Das Fehlen des Trends kann möglicherweise mit einer sich langsam entwickelnden leichten, anthropogen bedingten, Abschwächung der atlantischen Umwälzbewegung in Verbindung stehen, die die Erwärmung durch den zusätzlichen Treibhauseffekt im nördlichen Nordatlantik kompensiert haben könnte. Durch die globale Erwärmung schmilzt das Meereis und es fließt mehr Schmelzwasser vom grönländischen Eisschild in die Arktis und den Nordatlantik. Das Wasser des subpolaren Atlantiks wird also sowohl wärmer als auch süßer, beides Prozesse, die die Dichte des oberflächennahen Meerwassers verringern. Dadurch sinkt weniger Wasser in die Tiefe, die Konvektion nimmt ab. Dies führt dazu, dass sich die Umwälzbewegung verlangsamt, was eine gewisse abkühlende Wirkung hat und der anthropogenen Erwärmung regional entgegenwirkt.

Fazit

Die Atlantische Multidekadische Oszillation ist ein Phänomen, das eine anthropogene Klimaänderung regional maskieren oder gar überdecken könnte, da sie sich ebenfalls auf einer dekadischen Zeitskala abspielt. Aus diesem Grund ist es besonders wichtig, sie genau zu erforschen.

Dekadische Vorhersage des Klimas

Die vom Klimasystem selbst hervorgerufenen internen Schwankungen spielen offensichtlich nicht nur auf den kurzen zwischenjährlichen sondern auch auf den dekadischen Zeitskalen eine wichtige Rolle. Deswegen sind sie hier von Belang. Gerade auf den längeren Zeitskalen entwickeln sich ja auch die globale Erwärmung und deren Auswirkungen. Die Umwälzbewegung beispielsweise kann sich aufgrund natürlicher Vorgänge für Jahrzehnte abschwächen oder auch verstärken. So spricht beispielsweise vieles dafür, dass sie während der letzten Jahrzehnte außergewöhnlich stark gewesen ist, was zu einem relativ warmen Nordatlantik geführt hat (Abb. 10). Die globale Erwärmung kann andererseits eine allmähliche, sich über viele Jahrzehnte entwickelnde, Abschwächung der Umwälzbewegung verursachen. Die Summe aus den internen Schwankungen und der anthropogenen Änderung ergibt schließlich die Entwicklung in den kommenden Jahrzehnten. Deswegen müssen wir versuchen, die internen Schwankungen vorherzusagen, um das bestmögliche Zukunftsszenarium zu berechnen.

Die bisherigen Rechnungen zum globalen Wandel, wie die im letzten Bericht des IPCC im Jahr 2007 veröffentlichten (siehe Abb. 11), hat man nur unter der Annahme bestimmter zukünftiger atmosphärischer Treibhausgas- und Aerosolszenarien durchgeführt. Es handelt sich deswegen um Projektionen und nicht um Vorhersagen (siehe Kapitel 2). Diese Strategie ist gerechtfertigt, solange man nur an der langfristigen Entwicklung des Klimas infolge des menschlichen Einflusses über viele Jahrzehnte interessiert ist. Über die dem langfristigen Trend überlagerten internen Schwankungen sagen die Projektionen per Definition nichts. Die internen Schwankungen haben nicht nur das Klima während der letzten Jahrzehnte mitgeprägt (Abb. 3 und Abb. 10), sondern sie werden auch in den kommenden Jahrzehnten das Klima erheblich beeinflussen. Das gibt in der Öffentlichkeit immer wieder Anlass zu Kontroversen über die Güte von Klimamodellen. Oftmals glaubt man irrtümlicherweise an Fehlprognosen, wenn sich die Temperatur in einer bestimmten Region oder die globale Durchschnittstemperatur über Jahre nicht erhöht hat oder sogar gefallen ist. Das zeigt die Unkenntnis über den Gegenstand und den Zweck der Projektionen.

Heute versucht man, das volle Problem zu lösen und auch die internen Schwankungen während der nächsten Jahre oder Jahrzehnte vorherzusagen. Dazu müssen die Modelle Informationen über den heutigen Klimazustand erhalten, insbesondere über den Zustand der Klimamoden und der Meeresströmungen: Die Projektionen müssen initialisiert werden. Das Fehlen entsprechender Messungen, vor allem aus den tieferen Meeresschichten, hat das für lange Zeit verhindert. Inzwischen hat man Wege gefunden, die Modelle doch zu initialisieren, auch weil sich die Datenlage erheblich verbessert hat. Britische Wissenschaftler haben als erste 1997 die wenigen verfügbaren Messungen der Temperatur und des Salzgehalts aus den verschiedenen Meerestiefen dazu verwendet, um ihr Klimamodell zum Zwecke einer dekadischen Vorhersage zu initialisieren. Die Temperaturen und Salzgehalte bestimmen die Druckverteilung im Meer, auf die sich die Strömungen einstellen. Deutsche Wissenschaftler haben 2008 eine Methode entwickelt, um diese indirekt durch das Einspeisen der gemessenen Meeresoberflächentemperaturen in das gekoppelte Atmosphäre-Ozean Modell zu berücksichtigen. Die Idee ist, dass die Atmosphäre auf die Oberflächentemperaturen reagiert und sich die entsprechenden Änderungen der Luftströmungen auf die dreidimensionale Meereszirkulation auswirken. Die neuen initialisierten Projektionen des IPCC werden 2013 im 5. Sachstandbericht vorgestellt.

Mit den Informationen über den aktuellen Klimazustand lassen sich einige der internen Klimaschwankungen vorhersagen, die den Erwärmungstrend durch den Anstieg der Treibhausgase überlagern. Ein Beispiel auf den kurzen zwischenjährlichen Zeitskalen ist die ENSO-Vorhersage (siehe Kapitel 6). Auf den längeren Zeitskalen von Dekaden ist es die AMO-Vorhersage. Für die Vergangenheit zeigen die Modelle durchaus ein gewisses Vermögen, die beobachteten internen Änderungen retrospektiv vorherzusagen. Dabei werden die Modelle nur mit den

Daten bis zu dem Zeitpunkt versorgt, an dem die Vorhersage, eigentlich „Nachhersage", beginnt. Nicht vorhersagt werden können jedoch die externen Schwankungen, wie die durch Vulkanausbrüche oder Änderungen der Sonnenstrahlung. Allerdings ist der Klimaeffekt durch Vulkane berechenbar, nachdem eine Eruption stattgefunden hat. Der Klimaeinfluss von eruptiven Vulkanen, die Material bis in die Stratosphäre schleudern, kann durchaus einige Jahre lang anhalten und in den Vorhersagen Berücksichtigung finden.

Die ersten initialisierten Projektionen für das Jahrzehnt 2006–2015 lieferten eine ziemlich große Bandbreite sowohl hinsichtlich der global gemittelten Temperatur als auch anderer Größen wie den inter-hemisphärischen Temperaturkontrast im Atlantik, der auf den dekadischen Zeitskalen als Stärke der Umwälzbewegung interpretiert werden kann. Die Unterschiede zwischen den verschiedenen Projektionen können in der Art der Initialisierung und der Modellformulierung begründet sein. In diesem Zusammenhang sei erwähnt, dass die Modelle den Anfangszustand nach einigen Jahrzehnten „vergessen", sodass sich das Klima danach nur entsprechend des vorgeschriebenen Szenariums entwickelt.

Wir stehen erst am Anfang der Forschung zu den dekadischen Vorhersagen. Die Zeit wird zeigen müssen, wie groß das Potential für dekadische Vorhersagen in den verschiedenen Regionen der Erde tatsächlich ist. Während die Tropen, insbesondere der äquatoriale Pazifik, eine Vorhersagbarkeit vor allem auf der saisonalen Zeitskala aufweisen, scheint es in den Extratropen in erster Linie auf der dekadischen Zeitskala ein Vorhersagepotential zu geben. In diesem Zusammenhang darf man nicht vergessen, dass sowohl die Qualität der Klimamodelle als auch das weltweite Ozeanbeobachtungssystem verbesserungswürdig sind. Fortschritte in dieser Richtung bieten auf jeden Fall eine Möglichkeit, die Güte dekadischer Vorhersagen in den kommenden Jahren zu steigern.

Fazit

Bisherige Projektionen über die globale Erwärmung enthalten keine Aussagen über die internen Schwankungen des Klimas. Dies führte in der Öffentlichkeit oft zu Fehlinterpretationen. Projektionen der neuen Generation werden initialisiert und berücksichtigen damit auch interne Klimaschwankungen.

Weiterführende Literatur

Delworth et al. (1993), Interdecadal variations of the thermohaline circulation in a coupled ocean-atmosphere model. J. Climate, 6, 1993–2011.

Griffies, S. M., and E. Tziperman (1995), A linear thermohaline oscillator driven by stochastic atmospheric forcing. J. Climate, 8, 2440–2453.

Keenlyside, N. S. et al. (2008), Advancing decadal-scale climate prediction in the North Atlantic sector. Nature, 453, 84–88 doi:10.1038 / nature06921.

Smith, et al. (2007), Improved surface temperature prediction for the coming decade from a global climate model. Science, 317, 796–799.

7

Es wird warm

Die Klimaentwicklung des 21. Jahrhunderts wird internen und externen natürlichen Einflüssen unterliegen. Allerdings wird sich der anthropogene Anstieg der Treibhausgaskonzentrationen in Form einer weiteren globalen Erwärmung bemerkbar machen, insbesondere gegen Ende des Jahrhunderts. Das Ausmaß der Erwärmung wird ganz entscheidend davon abhängen, wie sich die Treibhausgaskonzentrationen langfristig entwickeln. Dabei sind die Details irrelevant. Kurzfristige Schwankungen der Emissionen spielen keine Rolle. Es sind die kumulativen Emissionen über viele Jahrzehnte, die die Klimaentwicklung bestimmen.

Das zukünftige Klima können wir mit Hilfe von Klima- und Erdsystemmodellen abschätzen. Trotz aller Defizite haben die Modelle inzwischen einen Stand erreicht, der es rechtfertigt, sie als Entscheidungshilfen für die Politik zu nutzen, aber auch um Anpassungsstrategien an den Klimawandel zu entwickeln. Zahlreiche Tests belegen das. So zeigen die Modelle eine recht gute Simulation der langfristigen Klimaentwicklung während des 20. Jahrhunderts, wenn sie mit den aus Messungen abgeschätzten natürlichen und anthropogenen externen Antrieben gerechnet werden. Die Modelle simulieren nicht nur die global gemittelte Temperatur realistisch sondern auch das räumliche Muster der Erwärmung. Die Kontinente haben sich stärker erwärmt als die Meere, die Arktis besonders stark, die Antarktis relativ wenig. Die Modelle reproduzieren auch die unterschiedlich starke Erwärmung auf den verschiedenen Kontinenten. Und sie simulieren interne Schwankungen, deren Statistik mit den Messungen konsistent ist. Die genaue zeitliche Entwicklung der überlagerten internen Schwankungen vermögen die Modelle per Definition in dieser Art von Rechnungen nicht zu simulieren, was wir bereits ausführlich behandelt haben.

Es wird des Öfteren behauptet, dass man das mittlere Klima und die Schwankungen irgendwie aus Daten vorgibt. Es wäre daher keine Kunst, das Klima der Vergangenheit zu simulieren. Das ist nicht der Fall. Als Antrieb für die Modelle gehen lediglich Größen wie die Treibhausgas- und Aerosolkonzentrationen ein, die Sonnenstrahlung und verschiedene Randbedingungen wie etwa die Verteilung von Land und Meer, das Relief der Erdoberfläche oder des Meeresbodens. Der Anfangszustand ist willkürlich gewählt. Er stammt aus einer Kontrollsimulation, weil der Zustand zu Beginn der Industrialisierung weitgehend unbekannt ist. Die Temperaturänderung, den Meeresspiegelanstieg oder den Rückzug des Meereises während des 20. Jahrhunderts simulieren die Modelle selbst. Dies gilt auch für die interne Variabilität. Die Simulationen haben nichts mit einer Anpassung an Daten zu tun, obwohl dies hin und wieder fälschlicherweise in den Raum gestellt wird. Insofern kann man festhalten, dass die Klimamodelle wichtige Tests bestanden haben.

Unsicherheiten sind den Projektionen immanent

Trotzdem werden immer Unsicherheiten bleiben. Sichere Projektionen wird es nie geben. Solange man nur die nähere Zukunft im Blick hat und die globale Erwärmung noch moderat ausfällt, werden die natürlichen Schwankungen die Entwicklung erheblich mitbestimmen, insbesondere auf der regionalen Skala. So könnte eine starke Vulkaneruption die globale Erwärmung für einige wenige Jahre bremsen oder eine zufällige und mehrere Jahre lange negative Phase der Nordatlantischen Oszillation die Erwärmung in Nordeuropa verzögern. Auch eine Änderung der auf die Erde einfallenden Sonnenstrahlung ist möglich aber nicht vorhersehbar. Kurzfristig ist also ein erheblicher Teil der Unsicherheit in den Projektionen der natürlichen Variabilität geschuldet. Langfristig dominiert dagegen vor allem die Wahl des Treibhausgas- und Aerosolszenariums, zumindest wenn man die globale Mitteltemperatur betrachtet. So kann sich der globale Temperaturanstieg im Jahr 2100 gegenüber heute um mehrere Grad Celsius unterscheiden je nachdem, welches Emissionsszenarium man betrachtet.

Die Modelle weisen außerdem systematische Fehler auf, woraus sich die Unterschiede in der zu erwartenden Erwärmung bei gleichem Szenarium erklären. Ein Problem: Einige Komponenten des Erdsystems, allen voran die Atmosphäre sind chaotisch und bringen ein breites Spektrum von Bewegungen hervor. Selbst die zufälligen Bewegungen auf den sehr kleinen Skalen wirken sich auf die Bewegungen auf den großen Skalen aus. Hierbei begegnet man dem klassischen Turbulenzproblem, das man aus vielen Bereichen der Physik kennt. Je leistungsfähiger die Computer sind, umso mehr Skalen kann man auflösen und umso geringer sind im Allgemeinen die Fehler. Die nicht aufgelösten Vorgänge sind in den Modellen parametrisiert, das heißt man stellt deren Einfluss auf die aufgelösten Skalen vereinfacht anhand theoretischer Überlegungen oder mittels empirischer Ansätze dar. Allerdings sind viele der Prozesse auf den kleinen Skalen noch nicht hinreichend gut verstanden. Die Modelle sind daher was regionale Änderungen auf der Skala von einigen zehn Kilometern oder darunter anbelangt wenig vertrauenswürdig. Die kleinräumigen Wolken gehören hier, wegen ihrer komplexen dreidimensionalen Struktur und der hochgradig nichtlinearen Wechselwirkung mit den Strahlungsprozessen, zu den schwierigsten Phänomenen und stellen eine große Fehlerquelle in der Simulation der Niederschläge dar. Das wirkt sich auch global aus. Wie werden sich die Wolken weltweit verhalten? Sie können je nach Art kühlend oder wärmend wirken und die globale Erwärmung bremsen oder beschleunigen.

Ein anderes Beispiel betrifft die Meeresströmungen, deren Änderungen erheblich die Variationen auf der regionalen Skala bestimmen werden. So gibt es bei der Frage, wie stark sich die als „Golfstromzirkulation" bekannte atlantische Umwälzbewegung ändern wird, eine sehr große Streuung zwischen den Modellen. Dabei ist der Unterschied zwischen den Modellen so groß, dass das gewählte Emissionsszenarium während des gesamten 21. Jahrhunderts eine nur untergeordnete Rolle spielt. Die meisten Modelle simulieren zwar eine Abschwächung der Umwälzbewegung, der Grad der Verlangsamung unterscheidet sich jedoch recht stark. Die Änderungen des ozeanischen Förderbands sind bekanntermaßen für das Klima Nordamerikas und Europas von großer Bedeutung. Wir sind deswegen noch recht weit davon entfernt, belastbare Aussagen über regionale Klimaänderungen machen zu können. Das gilt in besonderer Weise für die Entwicklung des Meeresspiegels an den verschiedenen Küsten.

Die Fehler in der Darstellung der physikalischen Vorgänge pflanzen sich in die anderen Bereiche fort. So gewinnt die explizite Simulation kleinräumiger Wirbel im Meer mit einem Durchmesser von 10–50 km eine immer größere Bedeutung, nachdem man erkannt hat, wie wichtig sie nicht nur für die Reaktion der Meeresströmungen auf die globale Erwärmung sind sondern auch welch wichtige Rolle sie für die marine Aufnahme von Kohlendioxid und damit den Kohlenstoffkreislauf spielen. Die Wirbel entstehen in bestimmten Gebieten durch eine Instabilität der dortigen Meeresströmungen. Sie entsprechen den Tiefdruckgebieten in der Atmosphäre und wurden in den bisherigen Ozeanmodellen mit Maschenweiten von typischerweise 100 km nicht simuliert. Anstatt dessen wurde ihr Effekt durch einfache Vermischungsansätze repräsentiert, was in bestimmten Situationen fundamental falsche Ergebnisse liefern kann. Projektionen zur marinen Kohlenstoffaufnahme mit Erdsystemmodellen sind nicht zuletzt aus diesem Grund bisher wenig vertrauenswürdig.

Zusammen mit den Wissenslücken in einigen biologischen Bereichen führt all dies dazu, dass gerade über die Auswirkungen der globalen Erwärmung auf die Ökosysteme wenig bekannt ist. Hier steht die Forschung erst am Anfang. Das gilt sowohl für die Ökosysteme an Land als auch im Meer. Dazu kommen weitere von der Klimaänderung unabhängige Stressfaktoren, die auf die Lebensgemeinschaften einwirken. Wie genau Ökosysteme auf eine multiple Stresseinwirkung reagieren, ist wenig bekannt. Insofern führen wir ein Experiment mit unserem Planeten aus, dessen Ausgang immer auch ein Stück weit ungewiss bleiben wird. Überraschungen sind nicht ausgeschlossen. Das lehrt uns die Geschichte. So hat beispielsweise kein Wissenschaftler das Ozonloch über dem Südpol vorhergesagt, obwohl die ozonzerstörende Wirkung der FCKWs schon lange bekannt war.

Man darf nicht zu viel von den Modellen erwarten. Gerade auf der regionalen Skala haben sie immer noch große Defizite. Wir sind heute nicht in der Lage, für jede Gegend der Erde belastbare Aussagen treffen zu können. Das bezieht sich vor allem auch auf die zukünftige Entwicklung der Wetterextreme. Gerade Phänomene wie Starkniederschläge, Dürren, Tornados oder Hurrikane verursachen immense Schäden und sind von großer gesellschaftlicher Relevanz. Die Unzulänglichkeiten der Modelle sind ein Unsicherheitsfaktor, der auf allen Zeitskalen zu berücksichtigen ist, sowohl bei kurzfristen wie auch langfristigen Projektionen. Die Modelle sind weit davon entfernt, perfekt zu sein. Das Erdsystem ist viel zu komplex, um es in allen Einzelheiten zu verstehen. Die Modellfehler werden deswegen immer ein Unsicherheitsfaktor bleiben, trotz aller Erfolge während der letzten Jahre.

Das Mitteln der Ergebnisse vieler verschiedener Modelle verringert allerdings die Fehler, wie zahlreiche Studien zur Wetter- und Jahreszeitenvorhersage gezeigt haben. Der Multi-Modell Ensemblemittelwert scheint in der Tat meistens die beste Schätzung zu liefern. Die Modellverbesserung wird aber trotzdem noch viele Jahre lang ganz oben auf der Agenda der Klima- und Erdsystemforschung bleiben müssen. Zu offensichtlich sind einige Defizite. Gleichwohl erwarten wir diesbezüglich während der nächsten Jahre einige Fortschritte, weil sich die Datenlage verbessern wird, was die Verifizierung der Modelle erleichtert, und auch die Computerkapazitäten weiter wachsen werden, was die Einbeziehung von immer mehr Prozessen ermöglicht.

Trotz aller Unzulänglichkeiten vermögen die Modelle schon heute die wesentlichen Aspekte des gegenwärtigen Klimas und des Klimas der Vergangenheit wiederzugeben, eine wichtige Voraussetzung für ihre Anwendung im Zusammenhang mit der von uns Menschen hervorgerufenen globalen Erwärmung und ihrer Auswirkungen. So beschreiben die Modelle wie oben erwähnt die langfristige Temperaturentwicklung während des 20. Jahrhunderts auf allen Kontinenten recht gut, obwohl sie sich recht unterschiedlich erwärmt haben. Die Modelle reproduzieren ebenfalls den charakteristischen Unterschied zwischen der Erwärmung der Meere und der der Landregionen. Außerdem findet man das von den Rechenmodellen unter erhöhten Treibhausgaskonzentrationen simulierte Erwärmungsmuster in den Messungen wieder, wobei sich seine Stärke inzwischen deutlich vom Klimarauschen abhebt.

Fazit

Wir können davon ausgehen, dass die Simulationsergebnisse für den Klimawandel auf der globalen, hemisphärischen und kontinentalen Skala genügend belastbar sind, um der Politik wichtige Informationen zu liefern, damit sie geeignete Minderungs- und Anpassungsmaßnahmen entwickeln kann. Auf der regionalen Skala gibt es allerdings noch große Unsicherheiten.

Das Klima reagiert langsam

Eine weitere Erwärmung während der kommenden Jahrzehnte ist auf jeden Fall programmiert, denn die Trägheit ist eine inhärente Eigenschaft des Klimas, was sich zwangsläufig aus den langen internen Zeitskalen einiger Erdsystemkomponenten ergibt. So reagieren die Meere nur allmählich auf eine äußere Anregung. Deshalb treten viele Auswirkungen der anthropogenen Klimaänderung nur langsam in Erscheinung, weswegen wir das volle Ausmaß der von uns verursachten Klimaänderung heute noch nicht in Form einer Erwärmung an der Erdoberfläche messen. Einige der Auswirkungen könnten bei Überschreitung bestimmter Schwellenwerte sogar irreversibel, also unumkehrbar, sein. Für welche Größen dies gilt und die Lage der entsprechenden Schwellenwerte ist allerdings wenig bekannt. Auf jeden Fall ist eine vorausschauende Sicht über viele Jahrzehnte geboten, wenn man den Einfluss politischer Maßnahmen auf die zukünftige Klimaentwicklung bewerten möchte.

Eines ist jedoch klar: Die Stabilisierung, ein Status Quo, der Kohlendioxidemissionen auf dem heutigen Stand würde wegen der langen Verweildauer des Kohlendioxids von etwa einhundert Jahren nicht zu einer Stabilisierung der atmosphärischen Kohlendioxidkonzentration führen, während die Stabilisierung der Emission von kurzlebigeren Spurengasen wie Methan (CH_4) tatsächlich eine Stabilisierung ihrer Konzentrationen zur Folge hätte. Die Stabilisierung der Kohlendioxidkonzentration auf einem bestimmten Niveau erfordert eine erhebliche Reduktion seines derzeitigen Ausstoßes. Und je tiefer das gewünschte Stabilisierungsniveau liegt, umso früher muss die Reduzierung beginnen, um die sonst drohenden tiefgreifenden wirtschaftlichen Verwerfungen zu vermeiden. In anderen Worten: Um die globale Erwärmung überhaupt zu stoppen, müssen die weltweiten Kohlendioxidemissionen massiv sinken. Ein Einfrieren der weltweiten Kohlendioxidemissionen auf den heutigen Stand von gut 30 Milliarden Tonnen Kohlendioxid pro Jahr führt unweigerlich zu einem fortgesetzten Anstieg der atmosphärischen Kohlendioxidkonzentration und damit zu einer weiteren globalen Erwärmung, so wie das Einfrieren der jährlichen Nettokreditaufnahme eines Landes die künftigen Zinszahlungen steigen ließe.

Nehmen wir an, dass die weltweiten Emissionen mit der bisherigen Rate weiter steigen, gegen Mitte des Jahrhunderts ihren Höhepunkt erreichen, danach langsam fallen und in etwa zweihundert Jahren nur noch einem kleinen Bruchteil (<10 %) der heutigen Emissionen entsprechen. Die Kohlendioxidkonzentration würde sich dann gegen Ende des nächsten Jahrhunderts stabilisiert haben, allerdings auf relativ hohem Niveau. Das Kohlendioxid würde jedoch für Jahrhunderte hoch bleiben, vermutlich bis zum Ende des Jahrtausends, da die Entfernung des Kohlendioxids durch die einzige langfristige Senke, die Meere, nur sehr langsam erfolgt. Ein schneller Transport von Kohlendioxid aus der mit der Atmosphäre in Kontakt stehenden Oberflächenschicht in die bezüglich Kohlendioxid ungesättigte Tiefsee ist nur in sehr begrenzten Meeresregionen der subpolaren Breiten möglich, und zwar in den Konvektionsgebieten, in denen die Tiefenwasserbildung stattfindet. Man kann die langsame Entfernung von Kohlendioxid aus der Atmosphäre mit einer vollen Badewanne vergleichen, die sich wegen des kleinen Abflusses nur langsam leert, nachdem man den Stöpsel gezogen hat. Aus diesem Grund darf die atmosphärische Kohlendioxidkonzentration während dieses Jahrhunderts nicht zu sehr wachsen, da sonst das Klima über eine lange Zeit vorgezeichnet wäre.

Die Trägheit des Klimas führt außerdem dazu, dass die global gemittelte oberflächennahe Lufttemperatur selbst lange nach der Stabilisierung der atmosphärischen Kohlendioxidkonzentration, mindestens ein Jahrhundert lang, um einige Zehntel Grad weiter ansteigt. Der Anstieg des Meeresspiegels wird sich sogar über viele Jahrhunderte fortsetzen. Er steigt global infolge von zwei Prozessen: Zum einen erwärmt sich das Meerwasser, wodurch es sich ausdehnt. Man spricht in diesem Zusammenhang von thermischer Ausdehnung oder Expansion. Der für die thermische Expansion des Meerwassers wichtige Transport von Wärme aus den oberen Meeresschichten in die Tiefsee erfolgt jedoch wie beim Kohlendioxid sehr langsam. Zum anderen schmilzt das Landeis, dessen Schmelzwasser ebenfalls den Meeresspiegel steigen lässt. Die thermische Expansion und die noch langsamere Reaktion der kontinentalen Eisschilde haben zur Folge, dass es weit mehr als ein Jahrtausend lang dauern würde, bis der Meeresspiegel ein neues Gleichgewicht erreicht hätte. Der Anstieg in den Jahrhunderten nach der Stabilisierung der Erwärmung würde dabei den Anstieg davor deutlich übersteigen.

Fazit

Um die Kohlendioxidkonzentration in der Atmosphäre überhaupt auf einem bestimmten Niveau zu stabilisieren, muss der derzeitige Ausstoß massiv reduziert werden. Auch wenn dies gelingt werden Meeresspiegel und Lufttemperatur aufgrund der Trägheit des Klimas noch Jahrhunderte weiter ansteigen.

Projektionen für das 21. Jahrhundert

Wie wird sich nun das Klima während dieses Jahrhunderts entwickeln? Um das zukünftige Klima zu berechnen, müssen wir wissen, wie sich die Treibhausgas- und Aerosolkonzentrationen während des 21. Jahrhunderts entwickeln werden. Das wissen wir jedoch nicht. Man hat deswegen eine Reihe plausibler Szenarien entwickelt, die Parameter wie die zukünftige Bevölkerungsentwicklung oder den Grad der nachhaltigen Entwicklung berücksichtigen. Aus diesem Grund spricht man nicht von Vorhersagen sondern von Projektionen, wie bereits mehrmals erwähnt.

Hier sind die Projektionen für drei Szenarien gezeigt: A2, A1B und B1, die mit einem hohen, einem mittleren und einem niedrigen Emissionspfad identifiziert werden können. Da die Szenarien von vielen Annahmen abhängen, sind die Rechnungen zur globalen Erwärmung als eine Art Wenn-Dann Situation zu verstehen. Im Folgenden werden Rechnungen ohne einen interaktiven Kohlenstoffkreislauf gezeigt. Das liegt daran, dass es zwar recht viele Klimamodelle aber nur sehr wenige Erdsystemmodelle gibt. Ein vollständiger Überblick über die Rechnungen findet sich im dem letzten, vierten Sachstandbericht des IPCC aus dem Jahr 2007. Wir beschränken uns hier außerdem auf die globalen Mittelwerte.

Während die Klimaentwicklung während der kommenden ein bis zwei Jahrzehnte noch sehr stark von der internen Klimavariabilität geprägt sein wird, würde ihr relativer Einfluss mit zunehmender Zeitdauer gegenüber dem der anthropogen verursachten globalen Erwärmung abnehmen, falls es nicht gelingen sollte, den Anstieg des weltweiten Treibhausgasausstoßes kurzfristig zu bremsen und die Treibhausgasemissionen langfristig deutlich gegenüber heute zu senken. Die Abb. 11 zeigt die Projektionen für die drei Szenarien, die mit 15 Klimamodellen gerechnet wurden. Dabei besitzen die Modelle alle eine unterschiedliche Klimasensitivität und sie reagieren damit unterschiedlich stark auf den Anstieg der Treibhausgase (siehe Kapitel 3). Zunächst zeigen die Rechnungen für alle drei Szenarien eine ähnliche Entwicklung im Multi-Modell Ensemblemittelwert. Erst gegen Mitte des Jahrhunderts sind deutliche Unterschiede zwischen den Szenarien erkennbar. Das verdeutlicht noch einmal den Einfluss der Trägheit.

Unter der Annahme des A2-Szenariums würde sich die Temperatur bis zum Ende des Jahrhunderts um weitere 3,5 °C im Mittel über alle Modelle erhöhen (Abb. 11). Das entspricht einer Geschwindigkeit, die um mindestens eine Größenordnung, also um einen Faktor 10, über der Änderungsrate liegt, die die interne Variabilität charakterisiert. Die internen Schwankungen der globalen Durchschnittstemperatur liegen in der Größenordnung von maximal 0,2 °C pro Jahrhundert. Im schlimmsten Fall könnte sich die globale Mitteltemperatur unter der Annahme einer sehr hohen Klimasensitivität um bis zu 6 °C bis zum Ende des Jahrhunderts erhöhen, wenn die Treibhausgasemissionen noch schneller als mit dem bisherigen Tempo wachsen und damit schneller als im A2-Szenarium, ein Fall, den wir hier nicht weiter betrachten werden.

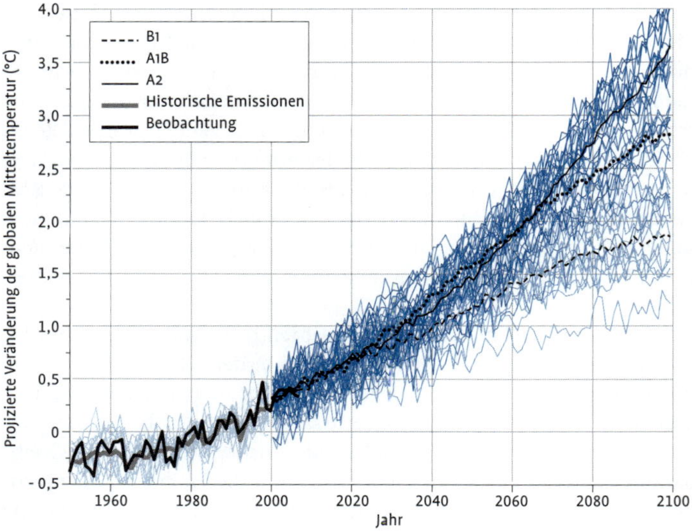

Abb. 11: Projektionen der global gemittelten oberflächennahen Temperatur (°C) bis zum Ende des 21. Jahrhunderts gerechnet mit 15 verschiedenen Klimamodellen (ohne einen interaktiven Kohlenstoffkreislauf) unter der Annahme dreier Szenarien für die zukünftigen Treibhausgas- und Aerosolkonzentrationen (A2, A1B und B1). Die schwarze Kurve zeigt die Entwicklung der gemessenen Temperaturen zwischen 1950 und 2007. Die dünnen Kurven während dieser Zeit zeigen die entsprechenden Simulationen unter Vorgabe der gemessenen Treibhausgas- und Aerosolkonzentrationen und der natürlichen externen Antriebe. Die anderen schwarzen Kurven zeigen den Multi-Modell Ensemblemittelwert für jedes der drei verwendeten Zukunftsszenarien, d. h. wenn die Resultate der 15 Modelle gemittelt werden. Die Temperaturen sind Anomalien relativ zum Zeitraum 1971–2000. Quelle: Hawkins and Sutton 2009.

Eine globale Erwärmung von mehreren Grad bis zum Ende des Jahrhunderts wäre in Ausmaß und Geschwindigkeit einmalig in der Geschichte der Menschheit. Die Erwärmung könnte allerdings auch deutlich schwächer ausfallen, wenn die Treibhausgasemissionen weniger stark steigen (A1B) oder in den kommenden Jahrzehnten gar sinken würden (B1). Die zukünftige Klimaentwicklung hängt demnach sehr stark vom angenommenen Treibhausgas- und Aerosolszenarium ab. Der Mensch besitzt also noch eine gewisse Wahlmöglichkeit. Allerdings erscheint eine weitere Erwärmung von deutlich unter 2 °C während dieses Jahrhunderts als wenig wahrscheinlich, müssten dazu die Treibhausemissionen spätestens nach 2030 stark sinken.

Jede einzelne Modellsimulation (dünne Linien) zeigt eine gewisse Irregularität, durch die man einen Eindruck von der internen Variabilität des Klimas im jeweiligen Modell bekommt. Mittelt man die einzelnen Kurven über alle Modelle für jedes der drei Szenarien, erhält man relativ glatte Kurven, weil man die interne Variabilität dadurch stark dämpft. Die interne Variabilität ist von Modell zu Modell per Definition unterschiedlich, da die Modelle nicht initialisiert wurden, also keine Kenntnis über den Klimazustand zu Beginn der Rechnungen hatten. Es handelt sich um zufällige Schwankungen, die keine zeitliche Kohärenz besitzen. Bei der Mittelung heben sie sich weitgehend auf. Die durch das Mitteln hervorgegangenen und oft als Konsensprojektionen bezeichneten Verläufe beschreiben im Wesentlichen nur noch den Einfluss der sich ändernden Treibhausgas- und Aerosolkonzentrationen, also die Wirkung des vorgegeben externen Antriebes. Meistens werden nur diese glatten Kurven in der Öffentlichkeit gezeigt, wodurch man fälschlicherweise den Eindruck gewinnen kann, dass die Modelle die interne Variabilität unterschätzen, wenn man die tatsächliche Schwankungsbreite während des 20. Jahrhunderts betrachtet. Das ist, wie zahlreiche Vergleichsstudien gezeigt haben, nicht der Fall und nur der statistischen Behandlung der Ergebnisse geschuldet, wie die Abb. 11 verdeutlicht.

Die Streuung um den Ensemblemittelwert für ein bestimmtes Szenarium gibt die Unsicherheit in der Klimasensitivität wieder, die nicht unerheblich ist. Die Modelle zeigen signifikante Unterschiede in der Reaktion auf die Änderung der Treibhausgase. Tatsache ist aber auch, dass die Unsicherheit in der Klimasensitivität die Klimaänderung gegen Ende des Jahrhunderts weniger stark beeinflusst als das angenommene Szenarium für die Treibhausgase und Aerosole.

Fazit

Egal welches Klimamodell man verwendet, die Rechnungen zeigen eine sehr starke Erwärmung bis zum Ende des Jahrhunderts, sollten sich die Treibhausgaskonzentrationen weiter rasch nach oben entwickeln, wie im A2-Szenarium angenommen. Der Anstieg der globalen Temperatur bis 2100 wäre dagegen in allen Modellen deutlich schwächer, stiegen die Treibhausgase weniger schnell an, was die Projektionen mit dem B1-Szenarium verdeutlichen.

Meeresspiegel

Kommen wir nun zu den Projektionen für den Meeresspiegel. Der zukünftige Anstieg des Meeresspiegels wird vor allem drei Hauptursachen haben:

- die Ausdehnung des Meerwassers infolge der Wärmeaufnahme,
- die Gletscherschmelze,
- das Schmelzen und die Dynamik der kontinentalen Eisschilde.

Während die ersten zwei Faktoren gut berechenbar sind, ist der letztere mit einer großen Unsicherheit behaftet. Das liegt an der Dynamik der kontinentalen Eisschilde Grönlands und der Antarktis, die nicht hinreichend gut verstanden ist. Das Schmelzwasser fließt nicht direkt ins Meer sondern dringt zunächst in die Eisschilde ein. Dadurch kann ein Eisschild porös werden. Außerdem bildet sich an der Basis des Eisschilds ein Wasserfilm. Beide Vorgänge begünstigen das Kalben großer Bruchstücke ins Meer, wodurch es innerhalb recht kurzer Zeit zu einem signifikanten Anstieg des Meeresspiegels kommen kann. Man weiß heute, dass es nach dem Höhepunkt der letzten Eiszeit vor etwa 20 000 Jahren tatsächlich einige solch schneller Anstiege gegeben hat, die auf das Auseinanderbrechen großer Eisschilde zurückzuführen sind. In wieweit eine derartige Instabilität unter den heutigen Klimabedingungen überhaupt möglich ist, wird in der Wissenschaft kontrovers erörtert. Diskutiert wird auch der Einfluss des Rußes, der das Reflexionsvermögen des Eises und damit seine Albedo verringert und das Schmelzen begünstigt.

Die Abb. 12 zeigt eine zusammenfassende Darstellung der Projektionen zum Meeresspiegelanstieg bis 2100. Die Grafik weist die Rechnungen aus dem vorletzten (2001) und letzten (2007) Sachstandbericht des Weltklimarats IPCC aus, wie auch mögliche zusätzliche Beiträge durch die Eisschilddynamik. Die aus Satellitenmessungen der letzten zwanzig Jahre bestimmte momentane Rate von ca. 3 mm / Jahr im weltweiten Durchschnitt liefert uns eine untere Abschätzung für den zukünftigen Anstieg von knapp 30 cm bis zum Ende des Jahrhunderts. Trotz unserer Wissenslücken können wir davon ausgehen, dass die unteren in der Grafik angegebenen Werte nicht wahrscheinlich sind, da sie in gewisser Weise von der Wirklichkeit eingeholt worden sind. Eine obere Grenze für den zu erwartenden Anstieg kann man nicht angeben, da wir die Prozesse, die die Stabilität der kontinentalen Eisschilde bestimmen, nicht gut genug kennen. Die Abflussraten für Grönland und die Antarktis sind für das letzte Jahrzehnt aus Satellitenmessungen bekannt und zeigen eine Beschleunigung des Masseverlusts beider Eisschilde. Eine Extrapolation in die Zukunft ist jedoch wegen des kurzen Zeitraums wenig sinnvoll.

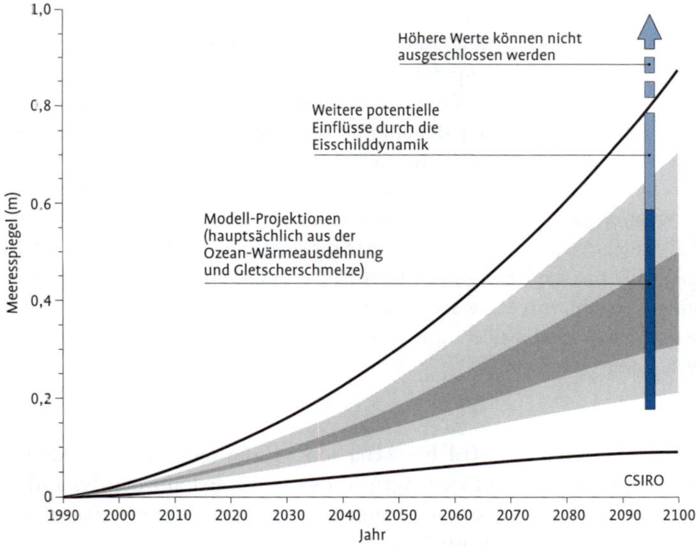

Abb. 12: Eine Zusammenfassung der Projektionen des globalen Meeresspiegels (m) bis 2100 unter Annahme verschiedener Szenarien. Die schattierten Bereiche zeigen die Projektionen aus dem 3. Sachstandbericht (TAR) des IPCC (2001). Der dunkle Bereich bezieht sich auf eine Auswahl von Modellen, der hellere Bereich auf alle Modelle. Die beiden Linien geben die obere und untere Grenze aus TAR an. Sie schließen alle Modelle und Szenarien wie auch die Unsicherheit des Beitrages der kontinentalen Eisschilde ein. Der dunkelblaue (untere) vertikale Balken rechts zeigt die Projektionen aus dem 4. Sachstandbericht (AR4) des IPCC (2007). Der obere (hellere) vertikale Balken zeigt den möglichen zusätzlichen Beitrag der Eisschilddynamik zum Meeresspiegelanstieg. Der ist allerdings sehr unsicher, sodass man keine obere Grenze für den Anstieg angeben kann. Quelle: CSIRO, Australien.

Wie die Erwärmung der Lufttemperatur wird auch der Anstieg des Meeresspiegels starken räumlichen Schwankungen unterliegen. Die gezeigten Projektionen für den globalen Meeresspiegel gelten daher nicht an jedem Ort. Der Meeresspiegel im tropischen Westpazifik beispielsweise ist wie bereits erwähnt (Kapitel 5) während der letzten zwanzig Jahre um etwa 20 cm gestiegen, deutlich schneller als im weltweiten Durchschnitt. Auf der anderen Seite des tropischen Pazifiks ist der Meeresspiegel während dieser Zeit sogar gefallen. Der Unterschied kann sowohl natürlichen als auch anthropogenen Ursprungs sein. Wir wissen nur, dass sich die Passatwinde über dem tropischen Pazifik während dieses Zeitraums verstärkt und den charakteristischen Unterschied im Meeresspiegelanstieg verursacht haben.

Auch die dichtegetriebenen Änderungen der Meeresströmungen verursachen signifikante räumliche Unterschiede im Meeresspiegel. Dabei sind sowohl Temperatur- als auch Salzgehaltsänderungen wichtig. Die beiden Effekte können sich addieren oder entgegengesetzt wirken. Eine Abschwächung der atlantischen Umwälzbewegung würde den Meeresspiegel im Nordatlantik schneller steigen lassen als im weltweiten Durchschnitt, im Südatlantik dafür langsamer. Sollte die Umwälzbewegung ganz zum Erliegen kommen, könnte dieser Effekt an einigen Küsten Europas und Nordamerikas bis zu einem halben Meter betragen. Für die Änderung des Meeresspiegels an einem Ort spielen aber eine Vielzahl von Prozessen im Meer, in der Atmosphäre und in der Kryosphäre eine Rolle. Eine einfache Beschreibung des Meeresspiegelanstiegs gibt es nicht.

Fazit

Der Meeresspiegel wird bis 2100 um mindestens 30 cm steigen. Eine obere Grenze kann aufgrund der wenig bekannten dynamischen Eisschildprozesse nicht angegeben werden. Der Anstieg wird allerdings starken räumlichen Schwankungen unterliegen.

Weiterführende Literatur

Hawkins E., and R. Sutton (2009), The potential to narrow uncertainty in regional climate change predictions. BAMS, 90, p1467, DOI:10.1175/2009BAMS2607.1.

IPCC (2001), Climate Change 2001: The Scientific Basis. Contribution of Working Group I to the Third Assessment Report of the IPCC. Cambridge University Press.

IPCC (2007), Climate Change 2007: The Physical Science Basis. Contribution of Working Group I to the Fourth Assessment Report of the IPCC. Cambridge University Press.

Landerer, F. W. et al. (2007), Regional Dynamic and Steric Sea Level Change in Response to the IPCC-A1B Scenario. J. Phys. Oceanogr., 37, 296–312.

Levermann, A. et al. (2005), Dynamic sea level changes following changes in the thermohaline circulation. Climate Dynamics, 24, 347–354.

Arktisches Meereis

Die Arktis ist in vielerlei Hinsicht eine Art Frühwarnsystem für den globalen Klimawandel. So hat sich das arktische Meereis in den letzten Jahren außergewöhnlich schnell zurückgezogen. Das zeigen Auswertungen von Satellitenaufnahmen, die seit etwa dreißig Jahren vorliegen. Die Eisschmelze ist in erster Linie die Folge der vom Menschen verursachten globalen Erwärmung und weniger durch natürliche Ursachen zu erklären. Besonders dramatisch ist die Entwicklung im September, dem Monat mit der geringsten Eisausdehnung während eines Jahres. Zum Ende des arktischen Sommers 2010 hatte sich die Meereisfläche im Septembermittelwert auf etwa 4,6 Millionen Quadratkilometer verringert. Im Mittelwert der vergangenen vierzig Jahre hatte das Eis im September eine Fläche von 6,7 Millionen Quadratkilometern bedeckt. 1980 beispielsweise lag die Ausdehnung noch bei 7,8 Millionen Quadratkilometern. Die geringste Meereisausdehnung hat man im Jahr 2007 mit 4,2 Millionen Quadratkilometern registriert.

Dabei verläuft die Entwicklung sogar schneller als im Mittel der Klimamodelle. Die Gründe hierfür sind derzeit noch unklar. Dass die Eisbedeckung in der Arktis mittlerweile die projizierten Werte des letzten IPCC-Berichts aus dem Jahr 2007 unterschreitet, kann verschiedene Gründe haben. Dabei könnte ein natürlicher Klimamode eine Rolle spielen. Wir befinden uns derzeit in einer warmen Phase der Atlantischen Multidekadischen Oszillation (AMO, siehe Kapitel 5). Dies könnte zusammen mit der anthropogenen Erwärmung zu dem extremen Eisrückgang der vergangenen Jahre geführt haben. Allerdings sollten dann einzelne Simulationen einen derart schnellen Eisverlust zeigen, wenn auch nicht zur selben Zeit. Kaum eine Rechnung tut dies. Ein anderer Grund könnte sein, dass das Meereis in den Modellen weniger stark auf eine Erwärmung reagiert als in der realen Welt. Eisprozesse insgesamt, auf Land und im Meer, sind hochgradig nichtlinear und nicht gut verstanden. Hier herrscht noch ein großer Forschungsbedarf.

Wie sieht die längerfristige Entwicklung bei weiter steigenden Treibhausgaskonzentrationen aus? Für das Ende dieses Jahrhunderts simuliert die große Mehrzahl der Modelle selbst unter der Annahme des moderaten A1B-Szenariums eine fast eisfreie Arktis im Sommer, wobei einige Modelle den kompletten Meereisverlust schon für die Mitte des Jahrhunderts berechnen, oder noch früher, wenn sie mit den gegenwärtigen niedrigen Eiswerten gestartet werden. Im Winter liegen die Verhältnisse anders. In der Polarnacht wird sich immer neues Eis bilden, unabhängig davon wie viel Eis es im Sommer gegeben hat. Für die Entwicklung des Meereises in den kommenden Jahrzehnten wird es vermutlich wichtig sein, wie schnell die AMO in ihre kalte Phase zurückkehren wird. Und das wird vor allem davon abhängen, wie sich die NAO in den nächsten ein bis zwei Jahrzehnten entwickelt. Das verdeutlicht uns noch einmal, wie wichtig es ist, die Projektionen zu initialisieren, um Klimamoden wie die AMO vorherzusagen.

Oder hat das arktische Meereis vielleicht schon einen Kipppunkt erreicht? Man versteht unter einem Kippelement eine Komponente des Erdsystems, die einen Schwellenwert aufweist. Das ist ein kritischer Punkt, an dem das System besonders empfindlich auf Störungen reagiert. Dort kann eine kleine Ursache eine große Wirkung entfalten und zu einer einschneidenden Veränderung des Systemverhaltens führen. Wenn das Arktis-Eis bereits einen Kipppunkt erreicht hätte, wäre es denkbar, dass eine Erholung des Eises für längere Zeit ausgeschlossen ist, selbst wenn die weltweiten Treibhausgasemissionen schnell sinken würden. Das wäre der irreversible, der unumkehrbare Fall. Ein Kippelement muss aber nicht notwendigerweise die Irreversibilität beinhalten. Bezogen auf das arktische Meereis scheint es in der Tat plausibel zu sein, dass der Eisverlust reversibel ist. Zum einen, weil während der Polarnacht wieder ein Eiswachstum erfolgt und zum anderen, weil dünnes Eis schneller wächst als dickes.

Fazit

Sollten die Treibhausgasemissionen während der nächsten Jahrzehnte nicht deutlich sinken, müssen wir langfristig von einer meereisfreien Arktis im Sommer ausgehen. Der derzeitige Rückzug des arktischen Meereises verläuft sogar noch schneller als es die meisten Klimamodelle berechnen.

Weiterführende Literatur

Lenton, T. M., et al. (2008), Tipping elements in the Earth's climate system. Proceedings of the National Academy of Sciences, 105, 1786–1793.

Stroeve, J., et al. (2007), Arctic sea ice decline: Faster than forecast. Geophys. Res. Lett., 34, L09501, doi: 10.1029/2007GL029703.

Meeresversauerung

In jüngerer Zeit rückt ein neues Problem in den Blickpunkt des öffentlichen Interesses: Die Meeresversauerung. Es handelt sich dabei um ein reines Kohlendioxidproblem und soll hier einen breiten Raum einnehmen. Aber nicht nur, weil die Meeresversauerung ein vergleichsweise neues Forschungsthema ist, sondern auch, weil sie im besonderen Maß den interdisziplinären Charakter der Klimaforschung wiederspiegelt. Das durch den Menschen ausgestoßene Kohlendioxid ist Hauptverursacher der globalen Erwärmung, indem es die Strahlungsbilanz der Erde ändert. Das Meer dämpft den Temperaturanstieg jedoch dadurch, dass es zum einen Wärme und zum anderen Kohlendioxid in großen Mengen aufnimmt. Ohne die Kohlendioxidaufnahme des Meeres läge die atmosphärische Kohlendioxidkonzentration um etwa 60 ppm über der derzeitigen Konzentration von 390 ppm, wodurch die bisherige Erwärmung zweifellos stärker ausgefallen wäre.

Die marine Kohlendioxidaufnahme hat Konsequenzen. Während sich das Kohlendioxid in der Atmosphäre weitgehend chemisch neutral verhält und nicht mit anderen Gasen reagiert, beeinflusst es die Meereschemie in hohem Maße. Die Weltmeere speichern auf der einen Seite eine große Menge Kohlendioxid, ca. 38 000 GtC (Milliarden Tonnen Kohlenstoff; man kann eine Menge Kohlendioxid (CO_2) entweder mit Hilfe seines kompletten Gewichts oder nur mit dem Gewicht des enthaltenen Kohlenstoffs (C) ausdrücken. Der Umrechnungsfaktor beträgt 3,67). Im Ozean ist fünfzig Mal mehr Kohlendioxid gespeichert als in der Atmosphäre und zwanzig Mal mehr als in der terrestrischen Biosphäre und den Böden zusammen. Das Meer ist aber nicht nur ein bedeutender Kohlendioxidspeicher, sondern auch langfristig die wichtigste Senke für anthropogenes Kohlendioxid. Ein Teil des durch den Menschen emittierten Kohlendioxids muss zwangsläufig wegen des höheren Kohlendioxidgehalts der Luft in die Oberflächenschicht des Ozeans gelangen. Das dreidimensionale weltumspannende Netz der Meeresströmungen sorgt dann dafür, dass das Kohlendioxid über Zeiträume von Jahrzehnten und Jahrhunderten schließlich auch in die Tiefsee vordringt, wo es für lange Zeit verweilt. Die marine Kohlendioxidaufnahme führt dadurch zu einem von der globalen Erwärmung selbst unabhängigem Umweltproblem. Die verschiedenen Aspekte dieser Thematik fasst man unter dem Begriff Meeresversauerung zusammen.

Die zukünftige Entwicklung der marinen Kohlendioxidsenke wird einen großen Einfluss darauf haben, wie sich die atmosphärische Kohlendioxidkonzentration, die Stärke des entsprechenden Strahlungsantriebs und damit die globale Erwärmung in den kommenden Jahrzehnten und Jahrhunderten entwickeln werden. Die Meeresversauerung und deren Auswirkungen zu verstehen erfordert einen interdisziplinären Forschungsansatz, eine Vernetzung von physikalischen, chemischen und biologischen Aspekten. Das verdeutlicht noch einmal den Übergang der Klimaforschung der letzten Jahrzehnte hin zu einer Erdsystemforschung, in der Wissenschaftler aus verschiedenen Fächern eng zusammenarbeiten. Das gilt sowohl für die numerische Modellierung als auch die Entwicklung von Ozeanobservatorien.

Die globale Kohlenstoffbilanz während des letzten Jahrzehnts in der Zeit 2000–2009 hat sich wie folgt dargestellt: Im Schnitt betrugen die gesamten anthropogenen Kohlendioxidemissionen 7,7 GtC pro Jahr, mit einem Wert von 9,3 GtC im Jahr 2009, der im Jahr 2010 noch überschritten wurde. Während des Jahrzehnts 2000–2009 entfielen auf die Verbrennung der fossilen Brennstoffe und die Zementherstellung 88 % und auf Landnutzungsänderungen (hauptsächlich die Verbrennung der tropischen Regenwälder) 12 % der Kohlendioxidemissionen. Es verblieben 47 % in der Atmosphäre, die Aufnahme durch das Land betrug 27 % und das Meer 26 %. Die als Residium berechnete Landsenke ist allerdings mit einer großen Unsicherheit behaftet, sodass die marine Senke auch deutlich höher sein könnte. Langfristig, über viele Jahrzehnte betrachtet, ist das Meer ohnehin die einzige bedeutende Senke.

Seit einigen Jahrzehnten ist die Zunahme der Kohlendioxidkonzentration in den oberen Meeresschichten nachweisbar, und sie geht ohne Zweifel auf den gestiegenen atmosphärischen Kohlendioxidgehalt zurück. Insgesamt haben die Meere zwischen 1800 und 1994 eine Kohlendioxidmenge von etwa 118 ± 19 GtC aufgenommen, was fast der Hälfte der kumulierten Kohlendioxidemissionen aus der Verbrennung der fossilen Brennstoffen und der Zementherstellung entspricht. Das verdeutlicht noch einmal die herausragende Bedeutung des Meeres als Kohlendioxidsenke bei der Betrachtung langer Zeiträume. Das anthropogene Kohlendioxid ist im weltweiten Durchschnitt bis zu einer Wassertiefe von etwa 1 000 m nachweisbar. Wegen des langsamen Austauschs zwischen dem oberflächennahen Ozean und den tieferen Schichten hat das Kohlendioxid weite Teile der Tiefsee noch gar nicht erreicht. Im Nordatlantik reicht das Signal wegen der dort stattfindenden Tiefenwasserbildung jedoch relativ tief und ist bis ca. 3000 m hinab messbar.

Mehr gelöstes Kohlendioxid trägt zu einer Absenkung des pH-Wertes bei, das Meerwasser wird saurer. Dieser Effekt ist bereits heute nachweisbar. Seit Beginn der Industrialisierung ist die Kohlendioxidkonzentration der Luft von 280 ppm auf 390 ppm gestiegen und der pH-Wert des Oberflächenwassers der Meere im weltweiten Durchschnitt um 0,11 Einheiten von 8,18 auf 8,07 gesunken (Abb. 13). Modellrechnungen zeigen, dass bei einer atmosphärischen Kohlendioxidkonzentration von 650 ppm bis zum Jahr 2100 eine Verringerung des mittleren pH-Wertes der Meere um insgesamt 0,3 Einheiten gegenüber dem vorindustriellen Wert zu erwarten wäre. Bei einer atmosphärischen Konzentration von 970 ppm würde sich der pH-Wert um knapp 0,5 Einheiten verringern. Gelingt es dagegen, die Konzentration auf 450 ppm zu begrenzen, dann würde die pH-Wert Abnahme gegenüber der vorindustriellen Zeit unter 0,2 Einheiten betragen. Der Wissenschaftliche Beirat der Bundesregierung Globale Umweltveränderungen (WBGU) empfiehlt in seinem Gutachten aus dem Jahr 2006 als „Leitplanke" einen pH-Wert von 8,0 im oberen Ozean nicht deutlich zu unterschreiten, das heißt er sollte in diesem Jahrhundert um nicht mehr als weitere 0,1 Einheiten fallen.

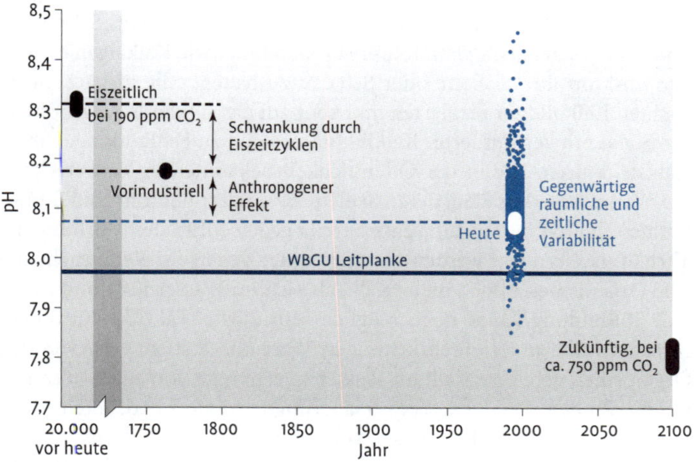

Abb. 13: Die Variabilität des mittleren pH-Wertes der Ozeane in der Vergangenheit und in der Gegenwart sowie eine Projektion für die Zukunft für eine atmosphärische CO_2-Konzentration von etwa 750 ppm. Die durchgezogene Linie illustriert die von WBGU (2006) vorgeschlagene Versauerungsleitplanke, die nicht unterschritten werden sollte (Quelle: WGBU 2006).

Die Versauerung ist vor allem eine Konsequenz des schnellen Anstiegs der Kohlendioxidmenge im Ozean. Bei einem sehr viel langsameren Eintrag von Kohlendioxid, wie er in der Erdgeschichte wiederholt stattgefunden hat, kann sich das Kohlendioxid bis in die Tiefsee vermischen, wo eine langsame Auflösung von kalkhaltigen Sedimenten der Versauerung entgegenwirkt. Der pH-Wert des Meeres bleibt in diesem Fall annähernd konstant. Kalk ist ein probates Mittel gegen die Versauerung. Deswegen verwendet man es auch bei der Sanierung saurer Seen oder Böden. Nach dem Höhepunkt der letzten Eiszeit vor etwa 20 000 Jahren stieg die atmosphärische Kohlendioxidkonzentration über einen Zeitraum von 6 000 Jahren um etwa 80 ppm an. Trotzdem änderte sich der pH-Wert kaum, weil der Anstieg im Vergleich zu heute extrem langsam verlief. Bei einem zu schnellen Eintrag von Kohlendioxid in das Meer, wie es zur Zeit der Fall ist, kann die negative Rückkopplung über die Sedimente nicht wirken, weswegen sich der pH-Wert während der letzten Jahrzehnte relativ schnell geändert hat.

Als Folge der Versauerung ändert sich auch die Meerwasserchemie, was sich neben den sinkenden pH-Werten und den steigenden Kohlendioxidkonzentrationen vor allem in einer Verringerung der Karbonat-Konzentration widerspiegelt. Karbonat (CO_3) ist der Baustoff für alle kalkbildenden Organismen im Meer. Korallen, Muscheln, Schnecken und Krebse aber auch planktonische Kalkbildner wie Kalkalgen benötigen ihn, um ihre Skelette oder Schalen zu bauen. Alle bislang untersuchten Kalkbildner reagierten im Labor auf das sinkende Angebot von Karbonat mit verminderter Kalkbildung bis hin zu Fehlbildungen ihrer Kalkstrukturen. Die in der Öffentlichkeit bekanntesten Vertreter sind die Warmwasserkorallen, deren Skelette besonders bedroht sind. Einige Studien deuten darauf hin, dass bereits gegen Mitte des Jahrhunderts Verhältnisse erreicht werden könnten, unter denen ein Nettowachstum (die Organismen bilden mehr Kalk, als sich im Wasser löst) und damit eine Riffbildung kaum noch möglich sein dürfte. Fällt die Karbonat-Konzentration unter einen kritischen Wert und löst sich der von den Organismen gebildete Kalk im Wasser spricht man von einer Untersättigung. Zu den von der Ozeanversauerung besonders bedrohten Arten gehören ebenfalls die Kaltwasserkorallen der höheren Breiten.

Die Veränderung des Karbonat-Systems könnte ohne Gegenmaßnahmen bereits in diesem Jahrhundert ein Ausmaß erreichen, wie es wahrscheinlich seit vielen Jahrmillionen nicht vorgekommen ist. Der Mensch greift somit über den Ausstoß von Kohlendioxid erheblich in das chemische Gleichgewicht des Ozeans ein, was für die Meereslebewesen und marinen Ökosysteme enorme Folgen haben könnte. Insbesondere besteht die Gefahr einer gravierenden Abnahme der Artenvielfalt, gerade auch in Korallenriffen. Da auch Planktonorganismen zu den kalkbildenden Lebewesen zählen und den bei weitem größten Teil der marinen Kalkproduktion leisten, würde eine zunehmende Versauerung der Meere massive Auswirkungen auf die marine Nahrungskette haben. Wie genau diese allerdings aussehen werden und in welchem Ausmaß die Nahrungsquelle Meer davon schließlich betroffen sein wird, ist Gegenstand aktueller Forschungen.

Wie wird sich die Kohlendioxidsenke Meer infolge der Versauerung ändern? Wird sie sich abschwächen? Umso stärker müssten in diesem Fall die Kohlendioxidemissionen sinken, um ein bestimmtes Klimaschutzziel wie etwa das 2 °C-Ziel (die globale Erwärmung soll bis zum Ende des 21. Jahrhunderts auf 2 °C gegenüber der vorindustriellen Zeit begrenzt werden) zu erreichen. Je mehr Kohlendioxid bereits in das Meer eingetragen wurde, desto geringer ist die Karbonat-Konzentration in der Oberflächenschicht. Dadurch verringert sich die Aufnahmefähigkeit für weiteres Kohlendioxid. Modellrechnungen zeigen, dass die relative Kohlendioxidaufnahme durch das Meer bei Erreichen einer atmosphärischen Kohlendioxidkonzentration von 450 ppm durch diesen Effekt nur um einige Prozent sinkt. Bei 750 ppm verringert sich die relative Kohlendioxidaufnahme bereits um 10 %. Auch die globale Erwärmung als Folge der Treibhausgasemissionen wirkt sich auf die Stärke der Ozeansenke aus, da die Löslichkeit von Kohlendioxid im Meerwasser mit steigender Temperatur abnimmt. Außerdem ändern sich die Schichtungsverhältnisse wie auch die Biologie, beides Faktoren, die ebenfalls die Kohlendioxidaufnahme beeinflussen. Bis zum Ende des 21. Jahrhunderts könnte dadurch die kumulierte Kohlendioxidaufnahme um weitere 15 % geringer ausfallen. Insgesamt wäre im Extremfall eine relative Abnahme der marinen Kohlendioxidaufnahme von bis zu 25 % denkbar. Das Meer würde also in der Zukunft einen deutlich geringeren Teil der anthropogenen Kohlendioxidemissionen aufnehmen als bisher, obwohl die absoluten Mengen weiter wachsen würden.

Die Ozeanversauerung entwickelt sich parallel mit der Erwärmung der Meere. Beide Vorgänge können nicht unabhängig voneinander betrachtet werden. So kann eine Kohlendioxidanreicherung im Meer die Temperaturtoleranz für Tiere verringern. Vor allem die Korallenökosysteme sind ein Beispiel für diesen gekoppelten Effekt von gleichzeitiger Karbonat-Untersättigung und steigender Wassertemperatur. Die Korallen besitzen ohnehin nur eine kleine Temperaturtoleranz und vertragen keine allzu großen Temperaturanstiege. Das Wachstum der Korallenriffe könnte deswegen bereits bei einer vergleichsweise geringen atmosphärischen Kohlendioxidkonzentration zum Erliegen kommen.

Man darf darüber hinaus nicht vergessen, dass die marinen Lebewesen vielen anderen Stressfaktoren ausgesetzt sind. Hierzu zählen die Meeresverschmutzung und die Überfischung. In diesem Zusammenhang seien auch an die Ölpest im Golf von Mexiko im Jahr 2010 und der Nuklearunfall in Japan im Jahr 2011 erwähnt. Durch die multiplen Stressfaktoren könnten sich viele zusätzliche und möglicherweise noch gar nicht bekannte Rückkopplungen ergeben, die zu einem frühzeitigen Zusammenbruch bestimmter mariner Ökosysteme führen würden.

Die Versauerung der Meere ist ausschließlich auf den Anstieg der Kohlendioxidkonzentration in der Atmosphäre zurückzuführen. Dadurch unterscheidet sich das Phänomen von der globalen Erwärmung, die zwar ebenfalls hauptsächlich durch den erhöhten atmosphärischen Kohlendioxidgehalt, aber auch von Methan, Lachgas und der Strahlungswirkung einiger weiterer klimawirksamer Gase hervorgerufen wird. Eine übermäßige Versauerung kann nur durch die Senkung des Kohlendioxidausstoßes vermieden werden.

Fazit

Für den Klimaschutz macht es keinen Unterschied, ob wir zunächst den Ausstoß des Kohlendioxids verringern oder den anderer Treibhausgase. Für den Meeresschutz ist die Verringerung des Kohlendioxidausstoßes doppelt wichtig: Zum einen um die Erwärmung und zum anderen um die Versauerung zu begrenzen.

Weiterführende Literatur

Caldeira, K., and M. E. Wickett (2005), Ocean model predicitions of chemistry changes from carbon dioxide emissions to the atmosphere and ocean. J. Geophys. Res. – Oceans, 110, C09S04, doi: 10.1029 / 2004JC002671.

Friedlingstein, et al. (2010), Update on CO_2 emissions. Nature Geoscience, doi: 10.1038 / ngeo_1022.

Greenblatt, J. B., and J. L.Sarmiento (2004), Variability and climate feedback mechanisms in ocean uptake of CO_2. In: Field, C.B. and Raupach,M.R. (Hrsg.): SCOPE 62:The Global Carbon Cycle: Integrating Humans, Climate and the Natural World.Washington, DC: Island Press, 257–275.

Sabine, et al. (2004), The oceanic sink for anthropogenic CO_2. Science 305, 367–371.

WBGU (2006), Die Zukunft der Meere – zu warm, zu hoch, zu sauer. Wissenschaftlicher Beirat der Bundesregierung Globale Umweltveränderungen (WBGU) 10785 Berlin.

8

Was muss geschehen?

Die Frage, ob der Mensch das Klima beeinflusst, ist bereits geklärt. Wir wissen auch, dass dies erhebliche Konsequenzen haben wird. Die Frage, die wir uns nun stellen müssen, ist: Was tun wir dagegen?

Die globale Erwärmung geht zu einem beträchtlichen Teil auf den Menschen zurück und zwar auf den anthropogenen Ausstoß von Treibhausgasen, allen voran Kohlendioxid. Dafür spricht die überwältigende Zahl der wissenschaftlichen Studien der letzten zwanzig Jahre. Die Medienberichterstattung spiegelt das nicht immer so wider, insbesondere nicht in den USA. Das liegt daran, dass häufig auch Personen zu Wort kommen, die ihre Ergebnisse oder Ansichten nicht in wissenschaftlichen Fachzeitschriften veröffentlichen und sich dadurch der wissenschaftlichen Diskussion entziehen.

Die Anzeichen der Erwärmung sind unübersehbar: Das Eis der Erde schmilzt, insbesondere das arktische Meereis. Die Arktis ist eine Art Frühwarnsystem für die globale Erwärmung. Dort hat sich die Meereisbedeckung allein während der letzten dreißig Jahre um etwa knapp ein Drittel verringert. Die Gebirgsgletscher ziehen sich in allen Breitenzonen zurück, die kontinentalen Eisschilde Grönlands und der Antarktis beginnen ebenfalls zu schmelzen. Vor allem der grönländische Eisschild hatte während des letzten Jahrzehnts große Massenverluste zu verzeichnen. Der Meeresspiegel ist seit 1900 um knapp 20 cm gestiegen, in den letzten Jahren besonders schnell. Schließlich messen wir eine zunehmende Versauerung der Meere, weil sie beträchtliche Mengen des Kohlendioxids aus der Luft aufnehmen. Wir stecken mitten im globalen Klimawandel und können seine Auswirkungen spüren.

Nach dem heutigen Stand der Wissenschaft geht es also nicht mehr darum, ob der Mensch das Klima beeinflusst. Diese Frage ist schon lange beantwortet. So heißt es bereits im ersten Sachstandbericht des Zwischenstaatlichen Ausschusses für Klimaänderungen (IPCC) aus dem Jahr 1990, dass die anthropogenen Treibhausgasemissionen, den irdischen Treibhauseffekt verstärken und eine globale Erwärmung bewirken, die durch den dadurch bedingten Anstieg des Treibhausgases Wasserdampf eine weitere Verstärkung erfährt. Die zukünftige Erwärmungsrate wurde damals mit durchschnittlich 0,3 °C pro Dekade bis zum Ende des 21. Jahrhunderts für ein „business as usual"-Szenarium angegeben, also falls sich der Anstieg der Treibhausgasemissionen nicht deutlich gegenüber der damaligen Rate verlangsamen sollte. Der Bericht stellte außerdem heraus, dass die tatsächliche Temperaturentwicklung wegen der Existenz der natürlichen Klimaschwankungen irregulär sein würde. Alle Aussagen aus dem ersten Sachstandbericht gelten heute, gut zwanzig Jahre später, immer noch. Die Wissenschaftler arbeiten derzeit an dem fünften Sachstandbericht. Er wird mit Sicherheit die Kernaussagen aus dem ersten Bericht bestätigen. Die Wissenschaft hat ihre Bringschuld längs erbracht. Jetzt ist die Politik gefragt.

Nach Meinung der meisten Wissenschaftler dürfte die Temperatur auf der Erde bis zum Ende dieses Jahrhunderts um nicht mehr als 2 °C gegenüber der vorindustriellen Zeit steigen, entsprechend einer äquivalenten Kohlendioxidkonzentration von etwa 450 ppm, um das Risiko von Kippeffekten so gering wie möglich zu halten. Der weltweite Ausstoß des Kohlendioxids müsste sich zur Erreichung des 2 °C-Ziels bis zur Mitte des Jahrhunderts in etwa halbieren und bis zum Ende des Jahrhunderts um mindestens 90 % verringern, begleitet von einer entsprechenden Senkung der anderen Treibhausgase. Allerdings ist der energiebedingte Kohlendioxidausstoß, der mit ungefähr 90 % größte Anteil der gesamten Kohlendioxidemissionen, von 1990 bis einschließlich 2009 um gut 40 % und allein seit 2000 um etwa 30 % gestiegen. Selbst im Jahr 2008 sind die Emissionen trotz der weltweiten Rezession um 2 % gewachsen. Im Jahr 2009 auf dem Höhepunkt der Wirtschaftskrise sind sie nur um 1,3 % gefallen, um 2010 auf ein neues Rekordniveau zu klettern. Man muss es so deutlich sagen: Globaler Klimaschutz findet aus wissenschaftlicher Sicht bisher nicht statt.

Der Menschheit ist es also bisher nicht gelungen, trotz aller Warnsignale den Anstieg der weltweiten Treibhausgaskonzentrationen zu verlangsamen, oder gar zu senken. Damit haben wir wichtige Zeit verloren. Je später wir mit der Reduktion der Treibhausgase beginnen umso schneller müssten wir den Ausstoß senken, um ein bestimmtes Klimaschutzziel zu erreichen. Größere weltwirtschaftliche Probleme sind programmiert, wenn wir mit der Senkung der Emissionen zu lange warten. Gekoppelte Klima-Ökonomie Modelle zeigen das nur zu deutlich. Auch die Wirtschaft ist ein träges System und erfordert langfristiges Handeln, um massive ökonomische Verwerfungen zu vermeiden. Wir benötigen eine Strategie über viele Jahrzehnte, die sowohl das Klima als auch die Wirtschaft so wenig wie möglich belastet. Das Ziel muss der Umbau der Weltwirtschaft in eine CO_2-freie Ökonomie sein und den Strukturwandel spätestens bis zum Ende des Jahrhunderts abzuschließen.

Eigentlich sollte es selbstverständlich sein, dies mit einer nachhaltigen Strategie zur künftigen Energiegewinnung zu verknüpfen. Regenerative Energiequellen wie die Sonnenkraft stehen uns praktisch unbegrenzt zur Verfügung und die Techniken zu deren Nutzung existieren bereits, wenngleich sie sicherlich verbesserungswürdig sind. In letzter Zeit ist jedoch in der Politik, der Wirtschaft und den Medien eine verstärkte Diskussion über die Ingenieurslösungen (engl.: geoengineering) zu beobachten. Dahinter steckt die Idee des „Weitermachen so wie bisher" und die Anwendung technischer Maßnahmen, um etwa Kohlendioxid bei der Verbrennung fossiler Brennstoffe abzuscheiden und später zu lagern (engl.: Carbon Capture and Storage, CCS) oder es mittels Eisendüngung der Weltmeere aus der Atmosphäre zu entfernen. Ein anderer Vorschlag zielt darauf, riesige Mengen von Schwefel in die Atmosphäre einzubringen, um die Sonnenstrahlung zu behindern und damit der globalen Erwärmung entgegenzuwirken.

Technische Lösungen scheinen wirtschaftlich attraktiv zu sein, weil sie in den kommenden Jahrzehnten keinen fundamentalen Strukturwandel der weltweiten Energiesysteme erfordern. Was ist aber von derartigen Vorschlägen zu halten? Tatsache ist, dass es heute keine einsatzfähige und erwiesenermaßen umweltverträgliche technische Lösung gibt, mit der man die globale Erwärmung nennenswert eindämmen könnte. Die Forschung zu CCS läuft, Ergebnisse stehen allerdings erst in einigen Jahren ins Haus, wobei es keinerlei Erfolgsgarantie gibt. Sollten die laufenden Studien den Einsatz von CCS nicht empfehlen, sei es aus Umweltgründen oder auch aus wirtschaftlichen Erwägungen, hätten wir wichtige Zeit verloren. Das gleiche gilt für die Eisendüngung der Weltmeere. Wir wissen nicht, ob diese Maßnahme zum Erfolg führt. Die bisherige Forschung liefert sogar eher Zweifel hinsichtlich der Wirksamkeit der Eisendüngung. Die Auswirkungen der Einbringung von Schwefel in die Luft wären unabsehbar. So könnte die stratosphärische Ozonschicht ernsthaften Schaden nehmen.

Alle bisher vorgeschlagenen technischen Lösungen sind mit großen Umweltrisiken verbunden. Solange diese nicht ausgeräumt sind, wäre es fahrlässig, die vorgeschlagenen Strategien als ernsthafte Optionen ansehen. Wir müssen außerdem einen riesigen finanziellen Aufwand betreiben, um die Ingenieurslösungen zu realisieren. Das Geld wäre wahrscheinlich besser in die weitere Entwicklung und Implementierung der regenerativen Energien investiert. Nur diese sind nach heutigem Kenntnisstand sicher und garantieren langfristig den Zugang zu bezahlbarer Energie für alle Menschen, ohne die Umwelt über Gebühr zu belasten. Wenn man die finanzielle Seite über viele Jahrzehnte betrachtet, wären die Aufwendungen minimal. Die Bewertung der Ingenieurslösungen ist offensichtlich ein interdisziplinäres Forschungsthema. Die Wissenschaft muss so schnell wie möglich die Antworten auf die Fragen im Zusammenhang mit den technischen Maßnahmen liefern. Die Forschung hierzu steckt jedoch noch in den Kinderschuhen.

Die Kernkraft scheidet als Option aus. Sie hat nicht das Potential, einen wesentlichen Beitrag zur Senkung der weltweiten Kohlendioxidemissionen zu leisten, trägt sie doch nur zwei Prozent zur weltweiten Energiegewinnung bei. Selbst die Verdopplung oder gar Vervierfachung der Zahl der Kernkraftwerke weltweit würde nicht annähernd zu der notwendigen Senkung des Kohlendioxidausstoßes führen. Der Energiesektor ist aber die Hauptursache der globalen Erwärmung. Die Kernkraft wird deswegen keine Lösung des Klimaproblems sein können. Interessant wäre in diesem Zusammenhang die Klärung der Frage, in wieweit das Festhalten an der Atomkraft die Einführung der regenerativen Energien wegen mangelnder ökonomischer Anreize verlangsamt und damit sogar indirekt eine schnelle Verringerung des Treibhausgasausstoßes verhindert. Auch hier ist die Forschung gefragt.

Klimapolitik

Wo stehen wir bei der internationalen Klimaschutzpolitik? Das fortwährende Scheitern der Klimagipfel, zuletzt in Durban 2011, kommt vor dem Hintergrund beständig steigender Temperaturen einer Bankrotterklärung der internationalen Politik gleich. Alle Länder blockieren sich gegenseitig, insbesondere die USA und China. Die beiden Länder zeichnen heute zusammen für über 40 % der weltweiten energiebedingten Kohlendioxidemissionen verantwortlich, wobei China inzwischen der größte Emittent ist. Wegen der langen Verweilzeit des Kohlendioxids in der Atmosphäre spielen jedoch die über viele Jahrzehnte kumulierten Emissionen für die langfristige Klimaentwicklung die wichtigere Rolle. Die USA allein haben etwa 30 % der kumulierten Kohlendioxidemissionen während des 20. Jahrhunderts zu verantworten.

Alle Industrieländer zusammen hatten einen Anteil von fast 80 % und tragen damit eine große Verantwortung für die hohen atmosphärischen Treibhausgaskonzentrationen.

In diesem Zusammenhang sollen die grauen Emissionen kurz Erwähnung finden. So werden Emissionen bezeichnet, für die die Industrienationen zwar verantwortlich sind, die ihnen aber nicht angerechnet werden. Die Computerdrucker für deutsche oder amerikanische Büros beispielsweise werden im Allgemeinen nicht mehr in Deutschland oder den USA hergestellt, sondern hauptsächlich in Fernost. Ähnliches gilt für Unterhaltungselektronik. Die Industrieländer haben außerdem Teile ihrer nur für den heimischen Markt arbeitenden Produktion ganz direkt in die Entwicklungs- und Schwellenländer ausgelagert und damit Kohlendioxidausstoß einfach exportiert. Die grauen Emissionen werden aber den Ländern zugeschlagen, in denen die Fabriken stehen. Die eigentlichen Verursacher bleiben aber die Industrieländer. Aus Klimasicht ungünstig ist zudem die Tatsache, dass die Kohlendioxidintensität der Produktion in den Entwicklungs- und Schwellenländern deutlich höher ist als in den importierenden Industrieländern, weil viel mehr Kohle zum Einsatz kommt, oftmals veraltete Technologie Anwendung findet und geringere Umweltstandards gelten. Die wachsende Nachfrage der Industriestaaten nach Waren aus ärmeren Ländern ließ deren Kohlendioxidemissionen zwischen 1990 und 2008 massiv steigen. Betrug der Nettotransfer 1990 noch 0,4 Milliarden Tonnen Kohlendioxid, wuchs er auf 1,6 Milliarden Tonnen in 2008. Zeitgleiche Kohlendioxideinsparungen etwa in Europa sind dadurch wieder zunichte gemacht worden, was auch für Deutschland gilt.

Vor diesem Hintergrund haben die USA und die anderen Industrieländer kein Recht, die Entwicklungs- und Schwellenländer an den Pranger zu stellen.

Wir haben unseren Wohlstand mit Kohlendioxidausstoß erkauft, und das tun wir in gewisser Weise jetzt auch noch. Die Industrieländer sollten sich ihrer historischen Verantwortung stellen und beim Klimaschutz vorangehen. Andernfalls werden wir auf den kommenden Klimakonferenzen den gordischen Knoten nicht durchschlagen können. Wir bewegen uns auf eine Superwarmzeit zu, deren Auswirkungen wir heute noch nicht absehen können. Das Experiment, von dem Roger Revelle vor vielen Jahrzehnten gesprochen hat, läuft schneller denn je.

Trotzdem besteht noch etwas Hoffnung. Die Europäische Union hat inzwischen das 2 °C-Ziel als wichtigen Teil ihrer Klimapolitik übernommen, das eine Begrenzung des weltweiten Temperaturanstiegs auf maximal 2 °C bis 2100 gegenüber der vorindustriellen Zeit beinhaltet. Das 2 °C-Ziel wurde 2011 auf der Klimakonferenz im südafrikanischen Durban von der gesamtem Staatengemeinschaft akzeptiert, Verbindliches aber nicht vereinbart. Insofern ist es nicht sicher, ob sich die Weltpolitik überhaupt jemals auf eine gemeinsame Klimaschutzstrategie wird einigen können. Mit dem 2 °C-Ziel könnte aber nach heutigem Kenntnisstand eine gefährliche Störung des Weltklimas vermieden werden, wie in der Klimarahmenkonvention der Vereinten Nationen von Rio de Janeiro 1992 festgelegt. Eine derartige Störung bestünde darin, dass irreparable Klimaschäden eintreten, wie etwa das komplette Abschmelzen Grönlands oder der Westantarktis, was einen Meeresspiegelanstieg von vielen Metern nach sich ziehen würde. Zu den größeren Risiken gehört neben einer Zunahme der Häufigkeit und Schwere von Wetterextremen auch eine zu starke Versauerung der Weltmeere, die unabsehbare Folgen für die marinen Ökosysteme und die Welternährung hätte. Die Abbildung 14 zeigt in schematischer Form, wie man das 2 °C-Ziel motiviert.

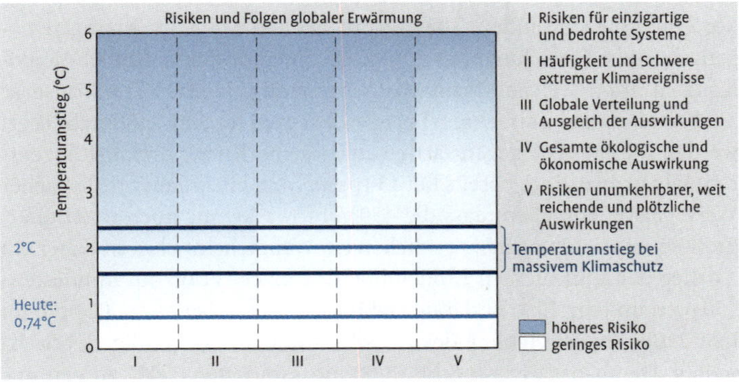

Abb. 14: Schematische Darstellung der Festlegung des 2 °C-Ziels. Von links nach rechts dargestellt sind die mit einer bestimmten Temperaturänderung verbundenen Risiken und Folgen in Form der Klassen I-V dargestellt. Das 2 °C-Ziel ergibt sich daraus, dass man unumkehrbare Folgen für das Klima vermutlich vermeiden kann, wenn man eine Erwärmung von 2 °C bis 2100 gegenüber der vorindustriellen Zeit nicht deutlich überschreitet. Quelle: German Watch (2008).

Es geht also schon längst nicht mehr darum, ob der Mensch das Klima überhaupt beeinflusst, sondern nur noch darum, in wieweit wir die globale Erwärmung beschränken können. Dabei muss man berücksichtigen, dass wir erst am Anfang des von uns Menschen verursachten Klimawandels stehen. Trotzdem sind die Auswirkungen schon heute unübersehbar. Die Temperatur wird sich wegen der Trägheit des Klimas selbst bei einer illusorischen sofortigen Stabilisierung der Treibhausgaskonzentrationen auf den heutigen Niveaus um mindestens weitere 0,5 °C während dieses Jahrhunderts erhöhen. Vor diesem Hintergrund ist das 2 °C-Ziel eine gewaltige globale politische und wirtschaftliche Herausforderung, wenn man die bereits realisierte Erwärmung von über 0,7 °C und die bis 2100 nicht mehr zu vermeidende Erwärmung von 0,5 °C addiert und zudem berücksichtigt, dass die weltweiten Kohlendioxid-Emissionen 2010 einen neuen Rekordwert erreicht haben, sowohl hinsichtlich des absoluten Niveaus als auch der Steigerungsrate.

Der Weltklimarat, das IPCC, hat wie oben beschrieben (siehe Abb. 11) eine Reihe von Szenarien entwickelt, um mögliche Handlungsoptionen aufzuzeigen. Um die Konzentration der Treibhausgase in der Atmosphäre zu stabilisieren, müssten die Emissionen nach dem Erreichen eines Maximalwerts abnehmen. Je niedriger das Stabilisierungsniveau, desto schneller müsste dieser Maximalwert erreicht werden und die Abnahme stattfinden. Die entsprechenden Modellrechnungen zeigen, dass zur Erreichung des 2 °C-Ziels die äquivalente Kohlendioxid-Konzentration, welche alle im Kyoto Protokoll geregelten Treibhausgase auf Kohlendioxid umrechnet, bei etwa 450 ppm im Jahr 2100 stabilisiert werden müsste. Die gegenwärtige äquivalente Kohlendioxid-Konzentration liegt allerdings bereits bei 430 ppm. Man muss daher realistischer Weise davon ausgehen, dass die 450 ppm-Marke nur noch unter allergrößten Anstrengungen zu erreichen ist. Wahrscheinlicher ist daher ein Anstieg der äquivalenten Kohlendioxid-Konzentration auf mindestens 550 ppm im Jahr 2050 und eine Stabilisierung erst bei etwa 600 ppm im Jahr 2100. Zur Erreichung des 2 °C-Ziels wäre es notwendig, den weltweiten Treibhausgasausstoß bis 2050 um mindestens 50 % zu vermindern und bis zum Ende des Jahrhunderts fast überhaupt keine Treibhausgase mehr auszustoßen und zusätzlich etwa durch Aufforstung Kohlendioxid aus der Atmosphäre zu entfernen.

Es ist wegen der oben diskutierten den Modellrechnungen immanenten Unsicherheiten unmöglich, der Politik exakte Handlungsempfehlungen zu geben. Die Berechnungen wurden mit Modellen unterschiedlicher Klimasensitivität durchgeführt und definieren damit einen Handlungskorridor. Eine geringere Klimasensitivität bedeutet, dass man weniger stark mindern muss, um eine bestimmte Erwärmung nicht zu überschreiten. Obwohl obige Betrachtungen wegen dieser Unsicherheiten nur als beste Schätzungen angesehen werden können, ist die Wahrscheinlichkeit für die Erreichung des 2 °C-Ziels bei einer äquivalenten Kohlendioxid-Konzentration deutlich oberhalb von 450 ppm relativ gering. Darüber hinaus enthalten die meisten Modelle die Klima-Kohlenstoffkreislauf-Rückkopplung nicht, infolge welcher die Kohlendioxid-Senken (relativ gesehen) langfristig abnehmen werden. Aber selbst bei Erreichen des 2 °C-Ziels sind weitere klimatische Veränderungen unabwendbar, mit Auswirkungen auf die Wetterextreme, die Ökosysteme und die Artenvielfalt.

Der derzeitige Stillstand in der internationalen Klimapolitik verheißt nichts Gutes. Das 2 °C-Ziel ist wohl nur noch zu erreichen, wenn wir innerhalb der nächsten zwanzig Jahre den Scheitelpunkt der globalen Emissionen erreichen oder die Klimasensitivität deutlich unter dem vom IPCC genannten besten Schätzwert von 3 °C liegt. Für beides gibt es allerdings aus wissenschaftlicher Sicht kaum Anhaltspunkte. Man wird sich deswegen auch über Anpassungsmaßnahmen Gedanken machen müssen. Man darf nicht vergessen, dass wir selbst bei einer Erwärmung um „nur“ 2 °C ein Klima hätten, das es in der Geschichte der Menschheit noch nicht gegeben hat.

Fazit

Die Wissenschaft kann nur Szenarien aufzeigen und gewisse Wahrscheinlichkeiten für sie angeben. Die Politik muss die richtigen Antworten auf diese Ergebnisse finden. Sie muss Strategien entwickeln, die in jedem Fall richtig sind. Selbst dann, wenn sich herausstellen sollte, dass die Klimasensitivität deutlich geringer als der beste Schätzwert ist. Der massive Ausbau der regenerativen Energien weltweit wäre aus dieser Sicht eine vernünftige Option.

Weiterführende Literatur

Hasselmann, K. et al. (2003), The challenge of long-term climate change. Science, 302, 1923–1925.

IPCC (1990), Climate Change: Report prepared for Intergovernmental Panel on Climate Change by Working Group I. Cambridge University Press, Cambridge,

Peters, G. P. et al. (2011), Growth in emission transfers via international trade from 1990 to 2008. PNAS, 108, 8903–8908.

Service

Sach- und Personenregister